强化再生骨料混凝土性能研究

张锋剑　著

中国建材工业出版社

图书在版编目（CIP）数据

强化再生骨料混凝土性能研究/张锋剑著．--北京：中国建材工业出版社，2019.4

ISBN 978-7-5160-2432-4

Ⅰ.①强…　Ⅱ.①张…　Ⅲ.①混凝土-骨料-研究　Ⅳ.①TU528.041

中国版本图书馆 CIP 数据核字（2018）第 221879 号

强化再生骨料混凝土性能研究

Qianghua Zaisheng Guliao Hunningtu Xingneng Yanjiu

张锋剑　著

出版发行：中国建材工业出版社

地　　址：北京市海淀区三里河路 1 号

邮　　编：100044

经　　销：全国各地新华书店

印　　刷：北京鑫正大印刷有限公司

开　　本：787mm×1092mm　1/16

印　　张：7.25

字　　数：150 千字

版　　次：2019 年 4 月第 1 版

印　　次：2019 年 4 月第 1 次

定　　价：**38.00 元**

前　言

混凝土再生技术能实现建筑垃圾资源化利用，但再生粗骨料棱角多、表观密度小、吸水率高、压碎指标大，这使得再生混凝土的性能劣于普通混凝土。如对再生粗骨料进行强化，则可以显著改善其物理性能，进而可以提高再生混凝土的性能。研究粗骨料强化的再生混凝土构件的抗震性能，对其工程应用具有重要意义。

本书的研究工作主要包括强化再生骨料混凝土的材性试验和构件抗震性能试验，具体内容如下：

（1）通过硅粉水泥浆液浸泡来强化再生粗骨料，分别测试天然粗骨料、再生粗骨料和强化再生粗骨料的表观密度、堆积密度、级配曲线、吸水率和压碎指标，从而研究强化再生粗骨料的性能改善效果。

（2）通过再生混凝土梁及柱的静力性能试验，对其进行分级加载，研究强化骨料对其构件性能的影响规律。

（3）制作 5 根粗骨料强化的再生混凝土框架柱和 3 根普通混凝土框架柱，对其进行低周反复加载试验，研究各构件在加载过程中的裂缝开展情况与最终破坏形态，分析轴压比和体积配箍率对粗骨料强化的再生混凝土框架柱破坏方式的影响。

（4）以框架柱低周反复试验数据为基础，分析构件的滞回曲线、刚度退化、承载力衰减、延性等性能，分析对比再生粗骨料强化的混凝土框架柱与普通混凝土框架柱抗震性能的差异、不同轴压比对两种混凝土框架柱的影响以及体积配箍率对粗骨料强化的再生混凝土框架柱的影响。

研究结果表明，硅粉浸泡的强化方法可以提高再生粗骨料的强度，从而改善再生混凝土的性能；随着轴压比的增大，ERCA 与 NCA 框架柱承载力都随之增大，ERCA 框架柱的变形能力、耗能系数等抗震性能指标都出现先上升后降低的趋势，而 NCA 框架柱的变形能力、耗能系数等抗震性能指标出现持续降低的趋势，说明 ERCA 框架柱在轴压比适中时抗震性能最好；ERCA 框架柱的抗震性能劣于 NCA 框架柱的抗震性能，ERCA 框架柱在轴压比较大时破坏严重，但在低轴压比时两者差异较小；随着体积配箍率的增大，ERCA 框架柱的承载力和变形能力提高，刚度退化速度与强度衰减程度降低。因此，在结构设计时合理选择 ERCA 框架柱的轴压比与体积配箍率可提高其抗震性能。

本书的研究工作得到了河南省科技厅科技攻关计划项目"加掺粉煤灰再生混凝土结构体系关键技术研究"（142102310490）、河南城建学院学术技术带头人资金的资助，以及其他横向研究课题的支持，在此特向关心和支持作者研究工作的所有单位和个人表示衷心的感谢。作者感谢河南城建学院结构工程实验室武海荣、马政伟、赵晋、曹刚老师对本研究工作的支持；感谢学生王浩楠、师政、李雷、刘宇、张远对此课题做的试验研究工作；感谢出版社同仁为本书出版付出的辛勤劳动。书中有部分内容参考了有关单位和个人的研究成果，均在参考文献中列出，在此一并致谢。

限于作者的水平，虽然几经改稿，书中的错误和缺点在所难免，敬请读者和同行专家批评指正。

河南城建学院　张锋剑

2019 年 4 月

目　　录

第1章 绪 论

1.1 研究背景

我国建筑行业的快速发展，产生了大量建筑垃圾，其中废弃混凝土占绝大部分。据调查报告显示，2017 年我国使用商品混凝土的总量已经超过 15.5 亿立方米，从而造成目前绝大部分建筑垃圾未经任何处理而置于露天堆放或填埋，这样不仅造成大量耕地被占用、垃圾处理费用的增高，同时也消耗了一定的建筑经费，更重要的是造成环境污染。因此再生混凝土的研究便成为科学研究的一个方向[1]。

1.1.1 再生混凝土介绍

再生混凝土的工程应用符合科学发展观，走可持续发展道路必将为再生混凝土的研究与发展提供优良的条件。随着科学技术的进步、生产水平的提升、人类对环保的日益重视，以及政府对建筑垃圾资源再生利用的政策扶持，再生混凝土产业的发展空间很大，对其研究所能带来的利益也很大[2-4]。

再生骨料混凝土（recycled aggregate concrete，RAC）是指利用废弃混凝土破碎加工而成的再生骨料，部分或全部代替天然骨料，再加入水泥、水配制而成的新的混凝土，简称再生混凝土（recycled concrete，RC）。再生骨料（recycled aggregate，RA）是指将建筑拆除后的废混凝土块经过破碎、清洗和筛分等一系列加工处理后，按一定的级配彼此配合，所得到的最终粒径在 40mm 以下的骨料。其中粒径在 5～40mm 范围内的骨料为再生粗骨料（recycled coarse aggregate，RCA），粒径在 0.5～5mm 范围内的骨料为再生细骨料（recycled fine aggregate，RFA）。基体混凝土指的是破碎前的混凝土，又称原生混凝土。试验表明，用再生细骨料取代天然细骨料配制的再生混凝土有明显缺陷，将出现强度显著降低、各种力学性能不稳定等，不利于工程实践，因此目前对再生混凝土的研究及应用绝大部分是关于再生粗骨料混凝土的。

1.1.2 再生粗骨料强化介绍

再生粗骨料的强化主要是指将再生粗骨料用进一步方式处理，使其成为可满足有关规定和质量标准的混凝土骨料，其中包括物理、化学、复合等强化方式。由于旧水泥砂浆附着在再生粗骨料外部，使其具有高吸水率、多棱角且尖锐、表观密度小、压碎指标大、耐久性差等特点，从而造成由其配制的再生混凝土各方面性能会明显劣化。为了提高再生混凝土的性能，已有研究表明[5]，可以通过改善再生粗骨料与水泥界面之间的黏结情况来实现，因此，在再生骨料性能改善方面，再生粗骨料强化的研究便成为一大热点。

虽然目前再生混凝土没有完全应用到工程实际当中，但是随着人类对生态环境的日益重视，它所具有的环保材料的性质而使其具有很大潜力成为未来主要的建筑承重材料，从而取代天然混凝土。因此，再生混凝土的抗震性能研究也显得尤为重要。通过确定结构在遭遇地震期间是否满足三水准设防目标，从而确定结构是否安全与稳定。在地震来临时，作为多层建筑的主要结构类型——框架结构，其中最主要的竖向承重构件——框架柱的抗震性能直接影响到整个建筑的安全。

为进一步推广再生混凝土在实际工程建筑中的应用，白国良[6]、王社良[7]、胡琼[8]、张静[9]等人分别对再生混凝土框架柱的抗震性能进行研究，为再生混凝土的应用奠定了理论基础。

1.2 国内外研究现状

1.2.1 再生混凝土研究现状

随着我国对环境保护的日益重视，再生混凝土技术的研发得到了很大的发展。国内外学者关于再生骨料的基本性能[10]、再生混凝土材料的静态力学性能[11]、再生混凝土在静态荷载下的本构关系[12]等，开展了非常系统的试验研究和理论分析。与此同时，我国再生混凝土[13]的实际应用正由试验性阶段向广泛应用阶段发展，并取得了阶段性成果。2002 年在上海江湾机场，政府将大量废弃商品混凝土进行处理、筛分成再生骨料，将拌和而成的再生混凝土作为新江湾城的道路基础；2003 年，同济大学用再生混凝土作为校园内某路面的材料；2004 年，上海市用再生混凝土所制的空心砌块建造了一间房屋；2006 年，复旦大学将再生粗骨料按照一定取代率制备的再生混凝土作为路面材料修了一条校园路；2007 年，南京市将废旧商品混凝土经破碎、加工和筛分，制备再生粗骨料替代天然粗骨料，用作道路基础材料；2009 年，四川都江堰市将再生混凝土应用到 3 例示范性工程建筑的施工中。相关的再生混凝土骨料、再生混凝土技术规程、技术标准也已经颁布并且实施，如 2007 年 7 月上海颁布并实施工程建设规范《再生混凝土应用技术规程》（DG/T J08-2018—2017），国家标准《混凝土和砂浆用再生细骨料》（GB/T 25176—2010）和《混凝土用再生粗骨料》（GB/T 25177—2010）于 2011 年 8 月 1 日开始实施，行业标准《再生骨料应用技术规程》（JGJ/T 240—2011）在 2011 年 12 月 1 日开始实施，国家标准《工程施工废弃物再生利用技术规范》（GB/T 50743—2012）在 2012 年 12 月 1 日开始实施。

在再生混凝土的研究方面，国外发达国家开始较早，各方面技术也相对成熟。苏联学者 Gluzhge 早在 1946 年就提出了可以将废商品混凝土制作为骨料的想法。到目前为止，国际材料与结构研究联合实验联合会（RILEM）已经召开了 5 次有关废商品混凝土再利用的专题国际会议。2010 年 10 月，第二届工程废弃物资源化与应用研究国际会议（ICWEM2010）在同济大学成功召开，为了提高环境保护意识、国家走可持续发展道路，日本与欧美等发达国家经过实验研究后颁布了再生混凝土相应的规范，明确再生骨料在建筑结构中的应用方法。西方有些紧缺石料的国家已经特别重视建筑废料的再生利用；日本对建筑垃圾的回收利用率已经达到 70% 左右。目前国际上再生混凝土的成功案例已经很多，如奥斯纳布鲁克的德国联邦环保局总部大楼、德国达姆施塔特的新型住宅区"螺旋森林"和日本的 ACROS Shin-Osaka 建筑。德国目前将再生商品混凝土主要应用于公路路面，某地区设计并修建了一条再生商品混凝土公路，该道路的路面总厚度 260mm 为再生商品混凝土，底层厚度 190mm 和面层厚度 70mm 为商品混凝土。美国密歇根州也使用再生商品混凝土修建了两条公路。

当前我国再生混凝土的研究主要集中在基本性能上，其中包括物理性能、力学性能和耐久性等，对于再生混凝土结构或构件抗震性能的研究相对较少。目前，同济大学、西安建筑科技大学、哈尔滨工业大学、南京航空航天大学等高校都对再生混凝土的性能做了较为全面的研究，也都取得了不少突破和进展。

1.2.2　再生粗骨料强化研究现状

由于再生混凝土内部结构的组成多了两个界面：骨料-旧砂浆界面和旧砂浆-新砂浆界面，使得再生混凝土比普通混凝土更加复杂，其力学性能也受到多种因素的影响。目前我国对再生混凝土的应用主要体现在低强度等级的混凝土上。研究表明，骨料强度[1]和混凝土内部的界面性能[5]对混凝土性能起决定作用，因此可以通过提高骨料强度和改善界面性能来改善再生混凝土的性能[14]。目前国内外研究人员通过加入活性矿物掺合料、改善再生粗骨料表面状态等方法，对再生粗骨料的强化进行研究。

与天然骨料混凝土相比，再生混凝土的强度和耐久性都比较差。王子明、裴学东等人[15]用不同品种的聚合物乳液浸渍废旧混凝土骨料后制作砂浆试块。研究发现，与浸渍之前相比，混凝土的抗弯强度有明显提高，但抗压强度并无明显改善。对比三种聚合物乳液浸渍处理结果，PAE 乳液表现出比较好的处理效果。另外，不同的处理方法、聚合物乳液浓度高低对于砂浆性能的改善也有所影响。用废旧混凝土作骨料拌制成砂浆，其抗弯强度与抗压强度比低于普通砂浆，将再生粗骨料通过聚合物乳液处理后，其配制的混凝土抗弯强度与抗压强度比提高显著，达到或超过普通砂浆的抗弯与抗压强度比。

杜婷等人[16]先将不同性质的高活性超细矿物质掺合料与水泥按照一定比例混合制成浆液，然后分别对再生粗骨料进行浸泡强化试验。结果表明，经过化学浆液强化后的再生粗骨料的含水率、吸水率一般都高于未强化的再生粗骨料，且吸水速率也较高。分析原因：由于再生粗骨料颗粒棱角多，表面粗糙，硬化水泥砂浆在每一个再生粗骨料中所占比重较大，并且这些硬化水泥砂浆本身孔隙比较大，加上在破碎过程中，其内部往往会产生大量额外的微裂缝，而经过浆液强化后，硬化浆液在再生粗骨料中所占比例进一步提升，导致在一定程度上增大其吸水率，也就意味着再生粗骨料混凝土比天然粗骨料混凝土需要更多的拌合水，才能保证所设计的配合比。将再生粗骨料经过化学浆液强化后，其表观密度明显增大，但还低于天然粗骨料。这说明再生粗骨料的孔隙在一定程度上被水泥浆液填充，从而提高了强化后再生粗骨料的表观密度。经化学浆液强化后的粗骨料的压碎指标较未强化再生粗骨料有明显的降低。这依旧可以表明强化浆液可以一定程度黏合在破碎过程中骨料内部产生的一些微裂缝，并且可以填充一定的再生粗骨料的孔隙，因而水泥浆液浸泡强化方法提高了再生粗骨料自身的强度。对比试验结果发现：由强化后的再生粗骨料拌制而成的混凝土，在强度方面可以得到不同程度的提高。其中水泥外掺 Kim 粉水泥浆液浸泡强化再生粗骨料的方式最好，由强化后的骨料所配制的混凝土的抗压强度提高效果明显。总的来说，可以通过水泥外掺 Kim 粉水泥浆液浸泡再生粗骨料的强化方法来提高再生混凝土的强度。

陈云钢、孙振平、肖建庄[17]针对轻骨料混凝土和高强高性能混凝土中骨料-水泥石界面的性能特点，总结了普通混凝土中粗骨料-水泥石界面过渡区形成机理、特征和性能等方面的研究进展，讨论了再生粗骨料混凝土中界面过渡区的结构特点和可能的强化措施，为今后再生粗骨料强化的研究提供了一定的理论依据和参考。研究表明：由于砂浆界面的多孔、晶体结晶取向不均匀和大量微裂纹等缺陷，掺加一定量活性矿物掺合料可以有效改善再生混凝土界面结构并且提高再生混凝土性能。对再生粗骨料进行表面涂层处理，或者对表面采取物理或化学强化措施，都可以改善水泥石与骨料之间的界面结构，但还需进一步探讨该强化方法能否应用到实际生产当中。

程海丽、王彩彦[18]通过用不同浓度的水玻璃溶液对混凝土再生骨料进行不同时间的浸泡试验，研究了水玻璃溶液浓度与浸泡时间分别对再生混凝土流动性与抗压强度的影响。结果表明：将再生粗骨料在浓度为 5% 的水玻璃溶液中浸泡 1h 后，再配制成的混凝土 7d、28d、60d 强度分别提高了 66%、21%、19%，并且混凝土流动性并没有明显降低，即当水玻璃溶液浓度为 5%、浸泡时间为 1h 时，一方面没有明显降低流动性，另一方面明显提高了混凝土的抗压强度，所以再生骨料混凝土的强化效果最好。总体而言，可以通过低浓度水玻璃溶液短时间浸泡再生粗骨料的方法来提高混凝土的强度。

李秋义、李云霞等人[19]首次提出了一种再生粗骨料强化技术，当骨料在高速（线速度≥80m/s）运动状态时，骨料之间的相互反复冲击作用和摩擦作用，可以有效地打掉较为突出的棱角和除去再生粗骨料表面附着的水泥砂浆和硬化的水泥石。研究表明：将再生粗骨料经过颗粒整形可以使骨料表面变得干净、棱角圆滑、吸水率降低、堆积密度增大、压碎指标大幅度降低，并且可以使骨料在混凝土中受力时减小"应力集中"的现象，使配制出的混凝土与普通混凝土的差异减小，基本满足混凝土的性能要求。由于这种强化技术工艺简单、生产成本较低，因此可以产业化生产。

李秋义、李云霞等人[20]通过颗粒整形与强化，发现再生骨料强化后的性能显著提高，甚至高品质的再生粗骨料的性能与天然碎石基本没有差异，再生细骨料的性能也有很大幅度的改善。

陈云钢[21]基于再生混凝土界面结构特征，设计了在新拌水泥浆体、新拌水泥砂浆中做基体改性试验，并采用 XRD、MIP、SEM 等测试方法，研究了掺加 IZM 界面改性剂后水泥净浆和水泥砂浆体系水化产物 $Ca(OH)_2$ 含量、孔结构、水化产物形貌的不同，并分析了界面强化措施对骨料结构的影响。研究表明：掺入 IZM 后，可降低骨料中单位孔体积、总孔比表面积、总孔半径，并且优化了孔径分布与孔结构，改善了孔的级配，从而使混凝土的内部结构更加致密。

杨宁、王崇革等人[22]研究了再生骨料强化的新技术，即通过在再生骨料表面喷洒聚乙烯醇溶液形成聚乙烯醇黏结层，然后将水泥浆液包裹在聚乙烯醇黏结层表面，从而增加了再生骨料对水泥的黏附力，达到了提高再生混凝土强度的目的。同时，通过试验对聚乙烯醇溶液外裹水泥法和纯水泥浆、水泥浆外掺矿粉、水泥浆外掺硅藻土、水泥浆外掺硅粉 4 种不同化学浆液强化法强化的再生骨料及再生混凝土进行了相关物理力学性能的对比分析。结果表明：再生粗骨料经过聚乙烯醇溶液外裹水泥法强化后配制的再生混凝土强度的提高效果最明显，纯水泥浆强化方法对混凝土强度的提高最不明显；另外，再生粗骨料分别经过水泥浆外掺矿粉、水泥浆外掺硅粉和水泥浆外掺硅藻土强化方法配制的混凝土的强度对应提高 7.47%、16.05% 和 18.23%。因此，聚乙烯醇溶液外裹水泥法提供了一种新型再生粗骨料的强化方法和思路，对再生粗骨料的强化研究具有重要意义。

朱亚光、李秋义等人[23]主要研究了使用硅烷浸渍处理对再生骨料力学性能和再生骨料混凝土吸水性能的影响。研究表明：由于再生骨料的多孔性，导致再生骨料的吸水率 15min 就可以达到最大吸水率的 90% 左右，即骨料瞬间吸水速率较大，并且这个速率对混凝土强度的影响较大，而通过使用硅烷乳液自然浸泡再生骨料可以显著降低骨料的瞬间吸水速率，从而改善混凝土的工作性能。然后将再生骨料在自然状态下使用不同浓度的硅烷乳液浸泡，发现硅烷浓度在 8% 时强化效果最好。并且当硅烷用量为 $100g/m^2$ 时，硅烷浸渍处理方法最为经济。

张学兵等人[24] 考虑水胶比为 0.50、0.25 的水泥净浆浸泡再生粗骨料混凝土制备工艺、普通工艺和两阶段制备工艺，测定了由其拌制的再生混凝土的性能。结果发现：将再生粗骨料用水泥净浆浸泡后配制成混凝土，当混凝土水胶比为 0.50 时，其 28d 抗压强度有所提高，但是提高效果并不明显；其 56d 抗压强度有所降低，并且这两种龄期混凝土的抗压强度表现出明显的离散性，且劈拉强度均较低。当水胶比为 0.25 时，全部水泥净浆浸泡再生粗骨料制备工艺的再生混凝土的抗压、抗拉强度的离散性体现明显，抗压强度与抗拉强度均最低。将再生粗骨料通过用量一半的水泥净浆浸泡强化，其配制的混凝土强度的离散性较小，且有较高的抗压、抗拉强度，但不及普通工艺和两阶段制备工艺。将再生粗骨料通过两阶段强化，其配制的混凝土的抗压强度和劈拉强度都有所提高，且强度离散性小。相比而言，对于工艺简单的普通工艺制备的再生混凝土，抗压强度和抗拉强度值均较高，强度离散性也较小，因此普通工艺也可以作为再生粗骨料的制备工艺。

郭远新、李秋义等人[25] 将再生粗骨料分别通过物理强化、化学强化和物理 - 化学复合强化三种不同的强化方式处理，并将强化后的再生粗骨料完全取代天然粗骨料制备再生混凝土，研究了再生粗骨料不同强化方式分别对混凝土工作性能、力学性能、抗渗透性能和抗碳化性能的影响。结果表明：再生粗骨料经过上述强化方法处理后，其配制的混凝土各项性能都有所提高，其中二次物理强化方法使混凝土用水量比天然粗骨料混凝土仅增加了 $6kg/m^3$，其抗压强度为最高，与天然粗骨料混凝土基本无差异；二次物理强化和化学浸渍复合强化可以使再生骨料混凝土氯离子扩散系数大幅度降低；但是与普通混凝土相比，经过这三种不同的强化方式配制的再生混凝土碳化深度和碳化速度都有所降低。

张学兵、王干强等人[26] 利用活性粉末混凝土（reactive powder concrete，RPC）浆液对再生粗骨料进行浸泡包裹处理得到强化再生粗骨料，分析了混凝土分别在强化再生骨料 + 再生骨料、强化再生骨料 + 天然骨料和再生骨料 + 天然骨料这 3 种组合情况下，再生混凝土不同龄期抗压强度、劈拉强度和抗折强度所受强化再生骨料或再生骨料掺量的影响。研究表明：再生粗骨料经过 RPC 浆液强化处理后，其吸水率减小约 10%，压碎指标值显著减小约 26%，对比经 DSP 浆液强化处理后的骨料，再生粗骨料在经过 RPC 强化后其表面更加粗糙，RPC 强化效果显著优于 DSP 强化效果。粗骨料为

"强化再生骨料 + 再生骨料"时，再生混凝土抗压强度随强化骨料掺量的增大出现降低；粗骨料为"强化再生骨料 + 天然骨料"和"再生骨料 + 天然骨料"时，再生混凝土抗压强度随强化骨料或再生骨料掺量的增大均出现增大；粗骨料为"强化骨料 + 再生骨料"和"强化骨料 + 天然骨料"时，再生混凝土劈拉强度随强化骨料掺量的增大出现增大；粗骨料为"再生骨料 + 天然骨料"组合时，再生骨料掺量与再生混凝土劈拉强度的规律性不明显，表现出较大的离散性。

韩帅等人[27]根据《混凝土用再生粗骨料》(GB/T 25177—2010)，将废弃混凝土经简单破碎、一次颗粒整形和二次颗粒整形，分别制得Ⅱ类、准Ⅰ类和Ⅰ类再生粗骨料，并用浓度为 6% 的有机硅烷防水剂对三类再生粗骨料进行化学浸渍处理，浸泡时间为24h，最终得到三类经物理化学强化后的再生粗骨料。之后分别研究了再生混凝土收缩性能与不同取代率 ($\varphi = 0$、50%、100%) 取代天然骨料和不同品质物理化学强化再生粗骨料之间的关系。研究表明：化学强化对再生粗骨料的品质有所改善，不仅减小了再生粗骨料混凝土的单位用水量，也提高了界面过渡区的密实度 (混凝土收缩性能受界面过渡区密实度影响较大)，这些对再生粗骨料混凝土的收缩性能都有提高作用。

单玉川等人[28]在掺合料裹骨料搅拌工艺的基础上引入纳米硅溶胶，实现再生骨料原位强化，研究了不同再生粗骨料取代率的再生混凝土强度及结构性能与原位强化之间的关系。结果表明：掺合料裹骨料工艺实现再生骨料原位强化，能有效改善再生粗骨料的性能，从而弥补再生粗骨料取代天然粗骨料造成的强度损失。当取代率较低时，再生混凝土 28d 强度甚至超过天然混凝土的强度；再生混凝土在取代率为 60% 时，强度略有下降。总体而言，在低取代率情况下，再生混凝土可以通过这种强化方式提高其强度。

应敬伟等人[29]采用高浓度的 CO_2 气体强化再生粗骨料 (RCA) 得到强化后的粗骨料 (CRCA)，通过试验测试并对比了天然粗骨料 (NCA)、RCA 和 CRCA 的物理力学性能，并依次制备了 NCA + RCA、NCA + CRCA、RCA + CRCA 混凝土。结果表明：① RCA 通过 CO_2 强化方式，可以有效提高物理和力学性能，并且经过 CO_2 强化后 CRCA 的表观密度和堆积密度均增大 1.2%，吸水率减小约 27%，压碎指标降低约 10%。② 用 CRCA 取代 RCA 配制的混凝土，其抗压强度有所提高，并且取代率越大，提高效果越明显；用 CRCA 取代 NCA 配制的混凝土，其抗压强度有所降低，并且取代率越大，降低幅度也越大，但是当取代率小于 50% 时，混凝土的抗压强度降低并不明显。总体而言，在取代率相同的情况下，NCA + CRCA 混凝土的性能最好，NCA + RCA 混凝土的性能次之，而 RCA + CRCA 混凝土的性能最差。

Vivian W Y Tam 等人[30]针对骨料界面强化，通过 3 种浸泡强化方式对再生粗骨料进行处理，比较了混凝土的抗压强度、抗弯强度和弹性模量，并与传统方法相比，在质量上有明显的改善。Shima H 等人[31]、Tateyashiki 等人[32]也做了类似研究。

Wengui Li 等人[33]采用纳米压痕法和扫描电子显微镜（SEM）对新旧界面过渡区微观结构和纳米力学性能进行了研究。结果表明：当使用不同的拌和工艺制备时，其压痕模量有不同的分布趋势。两阶段的拌和工艺（TSMA）可以通过减少孔洞和Ca(OH)$_2$的体积分数来改善其纳米力学性能。SEM 观察还表明：与常规的拌和工艺相比，在 TS-MA 制备的混凝土中，有更均匀的微观结构，可以得出 TSMA 对 RAC 的力学性能有一定的影响，从而提高了再生混凝土的性能。

Shi-cong Kou 等人[34]对比了 NAC 和掺入不同活性矿物的 RAC 的性能。这些矿物掺合料包括硅粉（SF）、高岭土（MK）、粉煤灰（FA）和矿粉（GGBS）。试验结果表明：掺入 SF 和 MK 可以提高 RAC 的力学性能和耐久性能；掺入 FA 和 GGBS 能够显著地提高 RAC 的耐久性能；SF 和 MK 对混凝土的短期和长期性能做出了贡献，而 FA 和 GGBS 只在经过较长时间的养护后才显示出它们的有益效果。就抗压强度而言，MK 替代水泥 10% 或 15% 可改善混凝土的力学性能和耐久性，而 FA 代替水泥 35% 或矿渣微粉的抗压强度下降，但提高了再生骨料混凝土的耐久性能；在 RAC 中掺入矿物掺合料对性能提升的效果要好于在 NAC 中掺入的效果。

Valerie Spaeth、Assia Djerbi Tegguer[35]以聚合物为基础的骨料处理方式来增强再生骨料的性能，聚合物可以填充再生粗骨料的孔隙，进而有效降低再生粗骨料的吸水率以及提高再生粗骨料的强度。

1.3　研究目的和内容

1.3.1　研究目的和意义

再生粗骨料具有棱角较多、表观密度小、吸水率高和压碎指标大的特点，这使得再生混凝土的性能劣于普通混凝土。目前，关于再生粗骨料强化的研究越来越多，但是粗骨料强化后的再生混凝土是否能够应用到结构构件中去，尤其是粗骨料强化后的再生混凝土构件的抗震性能仍然有待研究。本书研究强化后的再生粗骨料的物理性能，以分析硅粉浸泡强化方法对再生粗骨料物理性能的改善情况；再通过粗骨料强化的再生混凝土框架柱的低周反复加载试验研究其抗震性能是否能够达到普通混凝土框架柱的水平，从而验证粗骨料强化的再生混凝土能否用于实际工程结构。

1.3.2　研究的主要内容

（1）通过硅灰强化（其中硅灰主要成分为 SiO$_2$）再生粗骨料，测试天然粗骨料、一般再生粗骨料和硅粉浸泡强化后的再生粗骨料的压碎指标、吸水率、堆积密度等基本力学性能。通过对比粗骨料强化后的再生混凝土和一般再生混凝土抗压强度的差异，分析硅粉浸泡强化方式对再生混凝土强度的影响。

（2）制作粗骨料强化的再生混凝土框架柱和普通混凝土框架柱，对其进行低周反复加载试验。对比各框架柱的破坏过程与破坏形态，分析轴压比和体积配箍率对粗骨料强化的再生混凝土框架柱破坏方式的影响。

（3）以框架柱低周反复试验数据为基础，分析构件的滞回曲线、刚度退化、承载力衰减、延性等，分析对比再生粗骨料强化的混凝土框架柱与普通混凝土框架柱抗震性能的差异、不同轴压比对两种混凝土框架柱的影响以及体积配箍率对粗骨料强化的再生混凝土框架柱的影响。

本章参考文献

［1］肖建庄. 再生混凝土［M］. 北京：中国建筑工业出版社，2008.

［2］苏发慧，袁旭梅. 再生混凝土的投资前景［J］. 安徽建筑工业学院学报（自然科学版），2009，17（6）：53-56.

［3］J MA. Study on the economic feasibility of recycled concrete［J］. Advanced Materials Research，2012（573－574）：203－206.

［4］Vyncke J，Rousseau E. Recycle of construction and demolition waste in Belgium：actual situation and future evolution. In：Lauritzen EK，editor. Proceedings of the third international RILEM symposium on demolition and reuse of concrete and masonry. Odense［C］. Denmark：Taylor ＆ Francis，1993：60-74.

［5］陈云钢，孙振平，肖建庄. 再生混凝土界面结构特点及其改善措施［J］. 混凝土，2004（2）：10-13.

［6］白国良，刘超，赵洪金，等. 再生混凝土框架柱抗震性能试验研究［J］. 地震工程与工程振动，2011，31（1）：61-66.

［7］王社良，李涛，杨涛，等. 掺加硅粉及纤维的再生混凝土柱抗震性能试验研究［J］. 建筑结构学报，2013，34（5）：122-129.

［8］胡琼，卢锦. 再生混凝土柱抗震性能试验［J］. 哈尔滨工业大学学报，2012，44（2）：24-27.

［9］张静，周安，刘炳康，等. 不同轴压比再生混凝土框架柱抗震性能试验研究［J］. 合肥工业大学学报（自然科学版），2012，35（4）：504-507.

［10］Gabr A R，Cameron D A. Properties of recycled concrete aggregate for unbound pavement construction［J］. Journal of Materials in Civil Engineering，2012，24（6）：754-764.

［11］ACI Committee 555. Removal and reuse of hardened concrete［J］. ACI Material Journal，2002，99

（3）：300-325.

［12］Xiao J Z, Li J B, Zhang C H. Mechanical properties of recycled aggregate concrete under uniaxial loading［J］. Cement and Concrete Research, 2005, 35（6）：1187-1194.

［13］王长青. 再生混凝土结构性能研究最新进展［J］. 建筑结构, 2014, 44（22）：60-66.

［14］陈云钢. 再生混凝土界面强化试验的微观机理研究［J］. 混凝土, 2007（11）：53-57.

［15］王子明, 裴学东, 王志元. 用聚合物乳液改善废弃混凝土作集料的砂浆强度［J］. 混凝土, 1999（2）：44-47.

［16］杜婷, 李慧强, 吴贤国. 混凝土再生骨料强化试验研究［J］. 新型建筑材料, 2002（3）：6-8.

［17］陈云钢, 孙振平, 肖建庄. 再生混凝土界面结构特点及其改善措施［J］. 混凝土, 2004（2）：10-13.

［18］程海丽, 王彩彦. 水玻璃对混凝土再生骨料的强化试验研究［J］. 建筑石膏与胶凝材料, 2004（12）：12-14.

［19］李秋义, 李云霞, 朱崇绩. 颗粒整形对再生粗骨料性能的影响［J］. 材料科学与工艺, 2005（12）：579-585.

［20］李秋义, 李云霞, 朱崇绩, 等. 再生混凝土骨料强化技术研究［J］. 混凝土, 2006（1）：74-77.

［21］陈云钢. 再生混凝土界面强化试验的微观机理研究［J］. 混凝土, 2007（11）：53-57.

［22］杨宁, 王崇革, 赵美霞. 再生骨料强化技术研究［J］. 新型建筑材料, 2011（3）：45-47.

［23］朱亚光, 李秋义, 高嵩. 硅烷浸渍对再生骨料及再生骨料混凝土吸水性能的影响［C］. 第三届全国再生混凝土学术交流会论文集, 2012.

［24］张学兵, 方志, 匡成钢. 制备工艺对再生骨料混凝土性能的影响［J］. 工业建筑, 2012（2）：101-106.

［25］郭远新, 李秋义, 孔析, 等. 再生粗骨料强化处理工艺对再生混凝土性能的影响［J］. 混凝土与水泥制品, 2015（6）：11-17.

［26］张学兵, 王干强, 方志, 等. RPC 强化骨料掺量对再生混凝土强度的影响［J］. 建筑材料学报, 2015, 18（3）：400-408.

［27］韩帅, 李秋义, 王中兴, 等. 物理化学强化对再生混凝土收缩性能影响［J］. 粉煤灰综合利用, 2016（2）：3-7.

［28］单玉川, 沈翀, 孔德玉, 等. 再生骨料原位强化对再生混凝土及其结构性能的影响［J］. 建筑结构, 2016, 46（12）：37-40.

［29］应敬伟, 蒙秋江, 肖建庄. 再生骨料 CO_2 强化及其对混凝土抗压强度的影响［J］. 建筑材料学报, 2017, 20（2）：277-282.

［30］Vivian W Y Tam, C M Tam, K N Le. Removal of cement mortar remains from recycled aggregate using pre-soaking approaches［J］. Resources, Conservation and Recycling, 2007, 50（1）：82-101.

［31］Shima H, Tateyashiki H, Nakato T, et al. New technology for recoving high quality aggregate from demolished concrete ［C］. Proceedings of 5th International Symposium on East Asia Recycling Technology, 1999: 106-109.

［32］ Tateyashiki H, Shima H, Matsumoto Y, et al. Properties of concrete with high quality recycled aggregate by heat and rubbing method ［J］. Proceedings of Japan Concrete Institute （JCI）, 2001, 23 （2）: 61-66.

［33］ Wengui Li, et al. Interfacial transition zones in recycled aggregate concrete with different mixing approaches ［J］. Construction and Building Materials, 2012, 35: 1045-1055.

［34］ Shi-cong Kou, et al. Comparisons of natural and recycled aggregate concretes prepared with the addition of different mineral admixtures ［J］. Cement and Concrete Composites, 2011, 33 （8）: 788-795.

［35］ Valerie Spaeth, Assia Djerbi Tegguer. Improvement of recycled concrete aggregate properties by polymer treatments ［J］. International Journal of Sustainable Built Environment, 2013, 2 （2）: 143-152.

第 2 章　粗骨料强化的再生混凝土的
基本力学性能研究

2.1　试验材料

无论是混凝土的强度，还是构件的抗震性能，其基本材料的性能都起决定性的作用。本章首先介绍了废弃混凝土的破碎、筛分获得再生粗骨料的过程，然后将再生粗骨料（RCA）放入硅粉水泥浆液进行浸泡强化处理获得强化再生粗骨料（ERCA），最终通过对比 NCA、RCA 与 ERCA 性能的差异和由其配制的混凝土强度，分析并研究硅粉水泥浆液浸泡强化方式对再生粗骨料性能以及混凝土强度的影响。

2.1.1　常规材料

1. 水泥

本试验采用平煤集团天元牌 42.5 级普通硅酸盐水泥，其基本指标见表 2.1。

表 2.1　天元牌 42.5 级普通硅酸盐水泥物理力学指标

初凝时间	终凝时间	SO₃	MgO	安定性	抗折强度（MPa）		抗压强度（MPa）	
（min）	（min）	（%）	（%）		3d	28d	3d	28d
215	285	2.36	3.15	合格	6.1	9.1	26.4	52.2

注：来源为天元水泥厂提供的检测报告。

2. 细骨料

天然细骨料为平顶山市新城区某砂场普通河砂，基本性能见表 2.2，符合《普通混凝土用砂、石质量及检验方法标准》（JGJ 52—2006）[1]。

表 2.2　天然细骨料的基本性能

细度模数	堆积密度（kg/m³）	紧密堆积密度（kg/m³）	含水率（%）	含泥量（%）
2.89	1598.97	1744.22	3.12	2.64

注：此数据由砂场检测人员提供。

3. 天然粗骨料

天然粗骨料为平顶山市新城区某石料场普通碎石，按照《建设用卵石、碎石》

（GB/T 14685—2011）[2]测得其基本性能见表 2.3，符合《普通混凝土用砂、石质量及检验方法标准》（JGJ 52—2006）。

表 2.3　天然粗骨料的基本性能

骨料种类	表观密度（kg/m³）	堆积密度（kg/m³）	24h 吸水率（%）	压碎指标（%）
NCA	2701.4	1444.9	0.8	6.2

4. 钢筋

根据国家标准《金属材料　拉伸试验　第 1 部分：室温试验方法》（GB/T 228.1—2010）[3]的规定，每种类型钢筋分别制作 3 个标准拉伸试件，钢筋拉伸试验在河南城建学院材料工程实验室完成，各项物理指标见表 2.4。

表 2.4　钢筋材料性能

钢筋类别	直径（mm）	屈服强度（N/mm²）	极限强度（N/mm²）	弹性模量（N/mm²）
HPB300	8	305	446	2×10^5
HPB300	10	334	463	2×10^5
HRB400	12	394	496	2×10^5

5. 水

拌合水根据《混凝土用水标准》（JGJ 63—2006）[4]的规定，采用河南城建学院结构工程实验室普通自来水。

2.1.2　再生粗骨料的来源

再生粗骨料由河南城建学院结构工程实验室废弃构件破碎得来，废弃构件为普通钢筋混凝土剪力墙，混凝土为 C40 商品混凝土，试验测得废弃构件立方体抗压强度平均值为 55MPa。首先由人工将废弃构件破碎为大约 150mm × 150mm × 150mm 的大块体，再放入颚式破碎机破碎，用 37.5mm 方孔筛筛除后，将大于 37.5mm 试块放入颚式破碎机进行二次破碎，最后用 4.75mm 方孔筛除去细骨料，破碎完毕。废弃构件破碎现场如图 2.1、图 2.2 所示。

颚式破碎机由巩义市泰祥机械厂购买，型号 PE200 × 300，进料口尺寸 200mm × 300mm，此破碎机主要应用于破碎煤炭、石子（图 2.3、图 2.4）。

由于破碎后的再生粗骨料表面通常包裹了一层较厚的旧水泥砂浆，而其中一部分旧水泥砂浆即将脱落，如果这种再生粗骨料直接使用到混凝土的拌和中，再生粗骨料表面的旧水泥砂浆将会增大吸水率，并且在很大程度上减小了骨料与水泥之间的黏结强度，最终影响混凝土的性能。因此，应将破碎后的石子进行冲洗、风干处理后，作为再生粗骨料使用（RCA）（图 2.5、图 2.6）。

图 2.1　破碎现场

图 2.2　破碎后的大块体混凝土

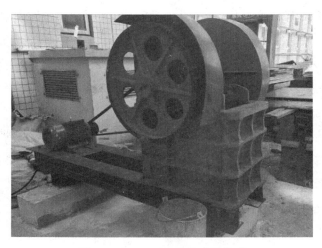

图 2.3　PE200×300 破碎机外观

图 2.4　破碎机进口外观

图 2.5　再生粗骨料

图 2.6　再生粗骨料细部情况

2.1.3 再生粗骨料的强化

本书中再生粗骨料采用外掺10%硅粉、水胶比为1.1：1的水泥浆液浸泡强化。硅粉（又称硅灰）主要来源是金属合金厂在冶炼合金或金属硅时在烟尘中使用特殊装置收集的一种飞灰（图2.7）。

图2.7　硅粉外观

强化原理：由于再生粗骨料在破碎过程中形成较多裂缝，而硅粉密度非常小，并且其细度能达到一般水泥颗粒的80~100倍，因此硅粉不仅可以渗入再生粗骨料的孔隙与裂缝，也可以填充于水泥颗粒之间，使水泥石具有更致密的结构，从而增大再生粗骨料与混凝土的强度，因此硅粉是较好的填充材料。另外，硅粉具有独特的火山灰活性，可以消耗水泥水化后的多余产物 $Ca(OH)_2$，使混凝土中再生粗骨料硬化的水泥浆体与骨料的界面性能得到改善，进而提高混凝土的强度。因此，硅粉是再生粗骨料强化研究的重要材料，其具体物理性能见表2.5。

表2.5　硅粉物理性能指标

外观	表观密度（kg/m³）	平均细度（μm）	比表面积（m²/g）	SiO_2含量（%）
灰色粉末	200~250	0.1~0.3	18.3	94~98

强化前，先用少量水润湿浸泡拌和盘，避免拌和盘吸收额外水分造成浆液水胶比减小，从而降低流动性，之后立即倒入水泥与水，待搅拌均匀后，再倒入事先称量好的硅粉，搅拌大约1min，待水泥浆液表面没有漂浮的硅粉并且水泥浆液颜色基本稳定后，倒入经过筛分的再生粗骨料。为了保证再生粗骨料浸泡均匀充分，使浆液控制在基本淹没再生粗骨料上表面的高度。其中，倒入的再生粗骨料为干燥状态，使其尽可能吸收浆液，倒入后不断搅拌、翻动大约10min，最后骨料进入浸泡阶段（图2.8、图2.9）。

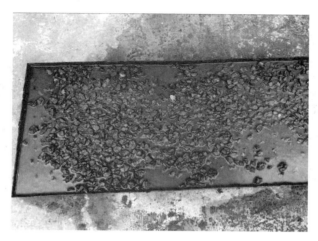

图 2.8　骨料浸泡阶段

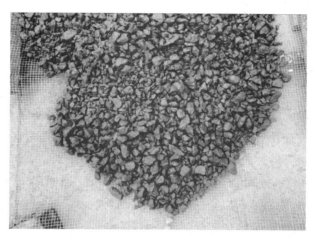

图 2.9　骨料风干阶段

浸泡大约 4h 后将骨料捞出，骨料浸泡过程中保证每间隔 1h 翻动一次，以免骨料与骨料之间黏结，特别注意浸泡容器角落处，容易造成局部水胶比减小使骨料之间更容易黏结。浸泡完毕后捞出并进行轻微淋洗、沥干处理，最后放到铁丝网风干。注意铁丝网要离地面大约 10cm，风干场地要尽量选择四周无障碍，以保证骨料下部通风流畅、风干均匀。经上述处理完毕后的骨料即为强化再生粗骨料（enhanced recycled coarse aggregate，ERCA），满足试验数量后装袋备用 ［图 2.10（b）］。

从图 2.10 中比较再生粗骨料和强化再生粗骨料，可以看出强化后的再生粗骨料表面覆盖了一层白色浆体，浆体覆盖了旧水泥砂浆，填充了天然粗骨料和旧水泥砂浆之间的缝隙，孔洞与裂纹也明显减少，骨料表面比之前更加粗糙，进而增大了骨料之间、骨料与砂、骨料与水泥之间的咬合力，最终提高了混凝土的整体强度。

(a) 再生粗骨料　　　　　　　　　　　　(b) 强化再生粗骨料

图 2.10　强化前后再生粗骨料外观对比

2.1.4　粗骨料性能试验与分析

再生粗骨料的性能测试方法依据《建设用卵石、碎石》（GB/T 14685—2011）[2]，并参考《混凝土用再生粗骨料》（GB/T 25177—2010）[5]。

1. 颗粒级配

试验前，为了保证试验取样的代表性和准确性，分别取各种再生粗骨料 40kg 左右作为样品，将样品放置在平板上均匀拌和后堆成堆体，然后通过正交的两条直径把堆体分成大致相等的四等份，取其中对角线的两份重新拌和均匀，再通过这种对角缩分的方法直至 7kg 左右，作为最终筛分试验的试样。选用筛孔孔径为 31.5mm、26.5mm、19.0mm、16.0mm、9.50mm、4.75mm、2.36mm 方孔筛各一只，按照孔径由大到小、自上而下的顺序叠放整齐，将事先准备好的试样按照孔径大小依次过筛。由于方孔筛容量有限，倒入太多粗骨料容易堆积卡孔，为了避免这种现象并保证粗骨料可以充分过筛，将试样分成 3 份依次过筛。筛分过程中，要保证每号筛上的筛余层厚度必须小于等于试样最大粒径，同时为了避免粗骨料颗粒太大而造成滚动不充分的现象，可以适当用手指拨动大于 19mm 的颗粒，当各号筛每分钟的通过量不超过试样总量的 0.1%时，筛分结束，最终以每号筛的筛余量之和作为该号筛的余量，见表 2.6。

表 2.6　各方孔筛累计筛余　　　　　　　　　　%

筛分尺寸（mm）	2.36	4.75	9.50	16.0	19.0	26.5	31.5
NCA	100.0	99.7	88.8	41.4	19.4	0.3	0
RCA	100.0	96.1	82.6	52.0	35.0	1.5	0
ERCA	100.0	99.5	96.1	70.9	50.4	3.1	0

在筛动过程中，为了精确对比试验结果，取各号筛的筛余量与试样总质量之比为

分计筛余百分率，精确至 0.01%；该号筛以及其以上的分计筛余百分率之和即为累计筛余百分率，精确至 0.1%。如果每号筛的筛余量之和与原试样质量之差超过 1%，认为试验无效，需重新试验。记录数据，根据各筛累计筛余百分率绘制曲线（图 2.11）。

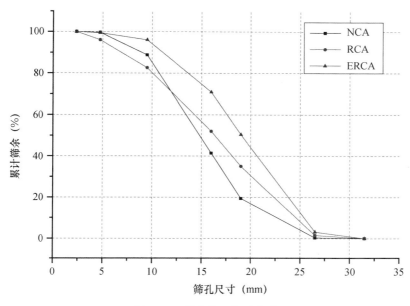

图 2.11　强化前后级配曲线

由图 2.11 对比分析 3 种粗骨料级配曲线发现，ERCA 级配曲线在 RCA 曲线上部，这是由于 RCA 经过硅粉浸泡强化处理以后得到的 ERCA 粒径整体增大，而这是由水泥砂浆包裹造成的，符合实际情况，也可以说明 RCA 的强化处理过程对其级配改变较大。对于这种现象，如果大批量应用 ERCA，可以在强化处理后按照不同孔径搭配出最优级配后再投入实际工程当中应用，对于 ERCA 的最优级配还有待进一步研究。

2. 表观密度

通过对角缩分法得到 4kg 试样，风干后用 4.75mm 方孔筛筛除小于 4.75mm 的颗粒，然后洗刷干净再风干，最后均分为大致相等的两等份备用。取其中一份试样放入水中浸泡 24h，水面应至少高出试样表面 50mm，浸水饱和后捞出并装入盛水的广口瓶中。装试样时，广口瓶应倾斜一个角度，通过左右摇晃的方式使瓶内气泡排出。瓶内气泡排除后，向瓶内加水至水面突出广口瓶边缘，然后用玻璃片迅速滑行的方法，使玻璃片紧贴瓶口水面。擦干瓶外水分，称出试样、广口瓶、水和玻璃片的总质量 m_1。将瓶中试样倒入盘中，放置烘箱中烘干至恒重，然后取出置于带盖的容器中冷却至室温后称出质量 m_0，注意在取出过程中不能将骨料掉落，最后将瓶内杂质清洗干净，充分注水后，用玻璃片紧贴瓶口水面，擦干瓶外水分，保证瓶内无气泡后称出质量 m_2。

表观密度（精确至 $10kg/m^3$）计算公式如下：

$$\rho = \left(\frac{m_0}{m_0 + m_2 - m_1} - a \right) \times 1000 \qquad (2.1)$$

式中　　ρ——表观密度（kg/m^3）；

m_0——烘干试样的质量（g）；

m_1——瓶 + 试样 + 水的总质量（g）；

m_2——瓶 + 水的总质量（g）；

a——水温对水相对密度修正系数。

表观密度取两次试验结果的算术平均值，精确至 $0.1kg/m^3$。两次试验结果之差大于 $20kg/m^3$ 时，须重新试验。测定的三种粗骨料的表观密度见表 2.7，同时绘制表观密度条形图如图 2.12 所示。

表 2.7　三种粗骨料表观密度汇总

骨料种类	表观密度（kg/m^3）	表观密度平均值（kg/m^3）
NCA	2694.17	2701.4
	2708.67	
RCA	2363.98	2415.6
	2467.32	
ERCA	2427.35	2429.8
	2432.16	

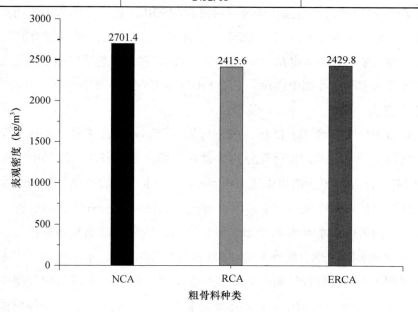

图 2.12　各粗骨料的表观密度

通过对比分析图 2.12 可以发现，RCA 与 ERCA 的表观密度远小于 NCA 的表观密度，这是由于再生粗骨料内部孔隙多、裂缝多引起的；与 RCA 相比，ERCA 的表观密度增大约 0.59%，说明 RCA 通过硅粉浸泡强化后，其开口孔隙有一定程度的减少，硅粉填充了一部分的裂缝，但与 NCA 相比，ERCA 的表观密度依旧较小，密实程度还有待提高。

3. 堆积密度

准备 20L 容量筒一个，取试样一份，用小铲将试样从容量筒口中心上方 50mm 处徐徐倒入，让试样以自由落体落下，当容量筒上部试样呈堆体，且边缘处溢满时，停止加料，然后除去凸出筒口表面的颗粒，并以合适的颗粒填入凹陷部分，使堆积表面与容量筒基本平齐，称出试样和容量筒总质量 G_1，最后将试样倒出，并用毛巾将容量筒擦干净，在干燥状态下称量质量为 G_2。计算公式如下：

$$\rho_1 = \left(\frac{G_1 - G_2}{V} \right) \tag{2.2}$$

式中　ρ_1——松散堆积密度（kg/m³）；

　　　G_1——容量筒和试样的总质量（g）；

　　　G_2——容量筒的质量（g）；

　　　V——容量筒的容积（L）。

堆积密度取两次试验结果的算术平均值，精确至 0.1kg/m³，结果见表 2.8。根据表 2.8 的数据绘制堆积密度条形图如图 2.13 所示。

表 2.8　三种粗骨料堆积密度汇总

骨料种类	堆积密度（kg/m³）	堆积密度平均值（kg/m³）
NCA	1455.90	1444.9
	1433.92	
RCA	1205.01	1210.1
	1215.22	
ERCA	1176.23	1183.2
	1190.21	

通过对比分析图 2.13 可以发现，RCA 与 ERCA 的堆积密度都远小于 NCA 的堆积密度，一方面是由于再生粗骨料内部裂缝较多，另一方面是因为 RCA 和 ERCA 级配与 NCA 相差较大；与 RCA 相比，ERCA 的堆积密度下降约 2.2%，这是由于 RCA 通过硅粉水泥浆液浸泡强化以后，其颗粒粒径发生改变，从而影响了堆积密度，如果想要提高再生粗骨料的堆积密度，可以通过调整 RCA 与 ERCA 的骨料级

配来实现。堆积密度虽然有所下降，但是下降幅度并不明显，对于所配制混凝土影响甚微。

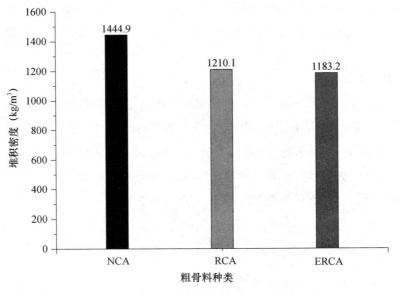

图 2.13 强化前后三种粗骨料堆积密度对比

4. 吸水率

同样用四分法获取试验试样 4kg，洗刷干净后分成两份。取试样一份置于盛水的容器中，使水面高出试样表面 50mm 以上，浸泡 10min、24h 后从水中取出试样，并用湿毛巾将颗粒表面擦干，即成为饱和面干试样，然后将试样放在浅盘中立即称重（m_2）。将饱和面干试样连同浅盘置于烘箱中烘干至恒重，然后取出冷却至室温后称量试样和浅盘总重（m_1），最后将试样倒出称量浅盘质量（m_3）。计算公式为

$$\omega = \frac{G_1 - G_2}{G_2} \times 100\% \tag{2.3}$$

式中 ω——吸水率（%）；

G_1——饱和面干试样的质量（g）；

G_2——烘干后试样的质量（g）。

吸水率取两次试验结果的算术平均值，精确至 0.1%，各种粗骨料吸水率试验结果见表 2.9 并绘制图 2.14。观察图 2.14，其中天然粗骨料由于 10min 吸水量太少，故吸水率可以忽略不计（图中以 0 表示），3 种粗骨料在 24h 时吸水量基本保持不变；经过对比分析发现，再生粗骨料与硅粉强化后的再生粗骨料的吸水率都远高于天然粗骨料的吸水率，其中再生粗骨料 10min 吸水率与 24h 吸水率明显最高，这是由于再生粗骨料在破碎过程中形成更多裂缝，从而导致吸水能力提高引起的；再生粗骨料 10min 吸水

量可以达到 24h 吸水量的 69%，而硅粉强化的再生粗骨料 10min 吸水量可以达到 24h 吸水量的 59%。可以说明：与 RCA 相比，ERCA 前期吸水速率较慢；ERCA 的 10min 吸水率与 RCA 的 10min 吸水率相比降低了 36%，ERCA 的 24h 吸水率与 RCA 的 24h 吸水率相比降低了 31%，说明再生粗骨料经过硅粉水泥浆液浸泡强化后，骨料裂缝明显减少，吸水能力降低，硅粉水泥浆液可以较好地填充再生粗骨料裂缝，但是与 NCA 相比，两者的吸水率依旧偏高。

表 2.9　各种粗骨料吸水率测量结果

骨料种类	10min 吸水率（%）	24h 吸水率（%）
NCA	—	0.8
RCA	2.5	3.6
ERCA	1.6	2.7

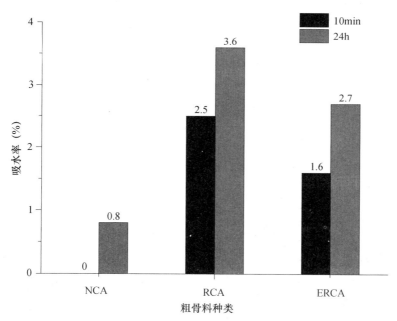

图 2.14　强化前后三种粗骨料吸水率对比

5. 压碎指标

按照四分法选取试验样品 10kg，风干后筛除大于 19.0mm 及小于 9.5mm 的颗粒，并去除针、片状颗粒，分为大致相等的三份备用。称取试样 3000g，精确至 1g。为避免试样在受压过程中出现局部应力集中，导致骨料压碎不均匀，将试样分两层装入模具内，每装完一层试样后，在底盘下面垫放一直径为 10mm 的圆钢，将筒按住，左右交替颤击地面各 25 下，两层颤实后，平整模内试样表面，盖上压头。当模具装不下 3000g

试样时，以装至模具上口 10mm 为准。把装有试样的模具置于压力机上，启动压力试验机，按照 1kN/s 的速度均匀加荷至 200kN，稳定荷载 5s，然后卸载。取下压头，将试样倒出，称其质量作为 G_1，之后使用 2.36mm 方孔筛进行筛分，筛余质量作为 G_2，精确至 1g。计算公式如下：

$$Q_e = \frac{G_1 - G_2}{G_1} \times 100\% \tag{2.4}$$

式中　Q_e——压碎指标（%）；

　　　G_1——试样的质量（g）；

　　　G_2——压碎后筛余试样的质量（g）。

压碎指标最终取三次试验结果的算术平均值，精确至 0.1%。

根据试验结果，三种粗骨料的压碎指标见表 2.10。

表 2.10　三种粗骨料压碎指标汇总

骨料类型	压碎指标（%）	压碎指标平均值（%）
NCA	6.5	6.2
	6.2	
	5.9	
RCA	18.8	18.1
	16.9	
	18.7	
ERCA	17.9	16.8
	16.0	
	16.4	

压碎指标是反映骨料强度的重要指标，可以直接对比各骨料强度的差异。根据表 2.10 绘制压碎指标条形图如图 2.15 所示。对比分析图 2.15 可以发现，RCA 与 ER-CA 的压碎指标都远高于 NCA，这是由于再生粗骨料在破碎、筛分过程中引起内部裂缝产生，从而使其强度下降；与 RCA 相比，ERCA 的压碎指标减小约 7.2%。可以说明：RCA 通过硅粉浸泡强化后，其强度明显提高，说明硅粉浸泡强化效果较好；但与 NCA 相比，ERCA 的压碎指标依旧较大，说明再生粗骨料通过硅粉浸泡强化处理以后与天然粗骨料仍有一些差距。

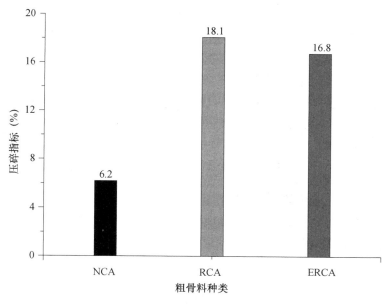

图 2.15　三种粗骨料压碎指标对比图

2.2　再生混凝土的制备

本书选用 3 种不同的粗骨料，在对比研究的同时，控制变量就显得尤为重要。普通混凝土与再生混凝土对应的配合比设计规范有所差异，因此配合比的设计也是一个重点。在选用配合比的过程中，我们不仅要保证实际的可行性，还要保证最终的试验结果具备更强的对比性。

2.2.1　混凝土配合比设计步骤

单位体积混凝土中各组成材料之间的质量比例关系为混凝土配合比。本书考虑到试件涉及普通混凝土与再生混凝土两种材料，试验结果分析主要为两种材料的对比分析。有研究表明，水胶比对混凝土强度的影响比较明显，其中有效水胶比是决定混凝土强度的重要因素，为了避免再生粗骨料吸水率大而造成有效水胶比减小，进而使混凝土强度提高的现象，再生混凝土配合比决定参照《普通混凝土配合比设计规程》（JGJ 55—2011）[6]，在此基础上另外计算附加水，作为最终配合比。以下为本书混凝土配合比设计参考公式及步骤。

1. 再生混凝土的配制强度 $f_{cu,o}^{R}$ 的确定

$$f_{cu,o}^{R} = f_{cu,k}^{R} + 1.645\sigma^{R} \tag{2.5}$$

式中　$f_{cu,o}^{R}$——再生混凝土配制目标强度；

　　　$f_{cu,k}^{R}$——再生混凝土立方体抗压强度标准值，即再生混凝土的设计强度等级；

　　　σ^{R}——再生混凝土强度标准差，取5.0。

2. 有效水胶比的初步确定 $(W/B)^{R}$

有效水胶比值应不大于《普通混凝土配合比设计规程》（JGJ 55—2011）中规定的混凝土的最大水胶比。再生混凝土水胶比采用与普通混凝土相同的计算式：

$$(W/B)^{R} = \frac{\alpha_{a}^{R} \cdot f_{b}}{f_{cu,o}^{R} + \alpha_{a}^{R} \cdot \alpha_{b}^{R} \cdot f_{b}} \tag{2.6}$$

式中　W/B——再生混凝土的有效水胶比；

　　　α_{a}^{R}、α_{b}^{R}——再生骨料系数，其值可根据 JGJ 55—2011[6] 取值为 0.53、0.20；

　　　f_{b}——28d 胶砂强度。

3. 单位有效用水量 m_{wo} 的确定

根据施工要求的拌合物稠度和粗骨料的最大公称粒径查《普通混凝土配合比设计规程》（JGJ 55—2011），确定单位有效用水量。

4. 单位胶凝材料用量 m_{bo}^{R} 的确定

根据已得到的单位有效用水量 m_{wo} 和水胶比 $(W/B)^{R}$ 可求出胶凝材料用量：

$$m_{bo}^{R} = \frac{m_{wo}}{(W/B)^{R}} \tag{2.7}$$

式中　m_{bo}^{R}——再生混凝土计算配合比单位胶凝材料用量（kg/m³）；

　　　m_{wo}——计算配合比单位有效用水量。

再生混凝土的最小胶凝材料用量应符合《普通混凝土配合比设计规程》（JGJ 55—2011）的规定。

5. 砂率 β_{s} 的确定

根据有效水胶比和粗骨料的最大粒径，查《普通混凝土配合比设计规程》（JGJ 55—2011）的相应表格，选择合适的砂率。由于再生粗骨料表面较天然碎石粗糙，砂率的取值宜适当增大。

6. 粗细骨料用量的确定

本书采用质量法计算再生混凝土配合比，粗、细骨料用量应按下式计算：

$$m_{fo}^{R} + m_{co}^{R} + m_{go}^{R} + m_{so}^{R} + m_{wo} = m_{cp}^{R} \tag{2.8}$$

$$\beta_{s} = \frac{m_{so}^{R}}{m_{go}^{R} + m_{so}^{R}} \times 100\% \tag{2.9}$$

式中　m_{go}^{R}、m_{so}^{R}——再生混凝土计算配合比单位粗骨料和细骨料用量；

m_{cp}^R——再生混凝土单位拌合物的假定质量，可取 $2250 \sim 2450 kg/m^3$。

7. 单位附加用水量 $m_{\Delta W}$ 的确定

根据再生粗骨料的取代率（本书为 100%），以及实测的再生粗骨料的吸水率，通过公式（2.10）计算单位附加用水量 $m_{\Delta W}$，再加上单位有效用水量 m_{wO}，得到再生混凝土单位用水量 m_W^R：

$$m_{\Delta W} = m_{go}^R \cdot \lambda \tag{2.10}$$

$$m_W^R = m_{wO} + m_{\Delta W} \tag{2.11}$$

式中　λ——再生粗骨料的吸水率。

对于单位附加用水量的确定，目前再生混凝土具体配制方法有预吸水法和直接加水法。预吸水法是把再生粗骨料预先浸泡 24h 取出后晾干或用湿毛巾擦拭至饱和面干状态，然后使用其拌制成混凝土；直接加水法是把再生粗骨料将要吸收的水分（即吸附水）与自由水直接加入搅拌，因此配合比中的水也就包括了吸附水。本书考虑到预加水法可能会由于搅拌不均匀而导致局部水胶比过大，进而造成强度损失，故采用直接加水法，其中吸附水按照再生粗骨料 10min 吸水率计算得出。最终确定具体配合比见表 2.11。

表 2.11　混凝土配合比

试件类型	水胶比	水泥（kg）	水（kg）		砂子（kg）	粗骨料（kg）		
			自由水	附加水		NCA	RCA	ERCA
NCA	0.48	398	192	—	635	1180	—	—
RCA	0.48	398	192	30	635	—	1180	—
ERCA	0.48	398	192	19	635	—	—	1180

2.2.2　混凝土的配制和养护

在混凝土框架柱构件浇筑时，采用搅拌机（图 2.16）拌制混凝土，由于搅拌机内壁过于干燥，容易造成混凝土水胶比减小而不满足施工的流动性，拌和前先在搅拌机中加水清洗，最终使搅拌机内壁达到饱和面干，之后投入粗骨料和细骨料搅拌 2min，随后投入水泥搅拌 2min，最后将水分成两次先后加入，在搅拌过程中注意观察水不能外溢。

在制作混凝土试块时，考虑到所需数目较小，为节约材料，采用拌和盘人工拌制。拌制前，先将模具内表面刷一层脱模剂，底部贴好纸片。在加入拌和材料之前也需要先加水将盘壁润湿至饱和面干状态，之后按照配合比加入粗骨料和砂，待拌和均匀后加入定量水搅拌，倒入模具并振捣均匀（部分试块如图 2.17 所示）。由于再生混凝土强度增长较慢，48h 后拆模，在标准条件下养护至所需时间。

图 2.16　搅拌机

图 2.17　部分混凝土试块制作

2.2.3　混凝土立方体试块的编号、尺寸及数量

为研究各种粗骨料混凝土的力学性能，制作试块的尺寸、数量见表 2.12。本书测试性能包括 28d 立方体抗压强度。

表 2.12　抗压强度试块尺寸、数量

试块编号	试块尺寸（mm×mm×mm）	试块用途	试块数量
NCA			3
RCA	150×150×150	立方体抗压强度	3
ERCA			3

2.3　抗压强度试验

抗压强度是混凝土最基本的力学性能，可以直接反映出各种材料的优劣，目前我国还没有关于再生混凝土抗压强度的规范，所以参照《普通混凝土力学性能试验方法标准》（GB/T 50081—2002）[7]。具体过程如下（图 2.18、图 2.19）：

图 2.18　立方体试块

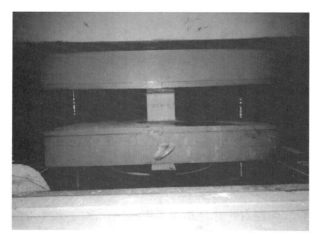

图 2.19　加载试验机

（1）试块从养护地点取出后应及时进行试验，将试件表面与上下承压板面擦干净。

（2）将试件安放在试验机的下压板上，试块成型时的顶面不能作为承压面，试验机下压板中心对准试块的中心，开动试验机，当上压板与试块将要接触时，调整球座，使接触均匀。

（3）在加载过程中应连续均匀，本试验设计强度为 C30，加荷速度取 0.5~0.8MPa/s。

（4）当试块接近破坏开始急剧变形时，应停止调整试验机油门，直到试块压碎，记录破坏荷载。

立方体抗压强度按下式计算：

$$f_{ci} = \frac{F}{A} \qquad (2.12)$$

式中　f_{ci}——第 i 个试块的混凝土立方体抗压强度；

　　　F——试块的破坏荷载（N）；

　　　A——试块的承压面积（mm²）。

混凝土立方体抗压强度计算应精确至 0.1MPa，取 3 个试块平均值作为该组试块的强度值，3 个测量值中最大值或最小值其中有一个与中间值的差值超过 15%，则直接取中间值作为试验结果；如果最大值、最小值与中间值差都超过 15%，则该组试验无效。最终试验结果见表 2.13。

表 2.13　立方体抗压强度

试块类别	第 i 次荷载峰值 F_{ci}（kN）	第 i 次加载结果 f_{ci}（MPa）	立方体抗压强度平均值 f'_{cu}（MPa）
NCA	751	33.4	36.2
	832	37.0	
	858	38.1	
RCA	646	28.7	33.0
	755	33.6	
	827	36.8	
ERCA	953	42.4	43.6
	981	43.6	
	1007	44.8	

绘制条形图如图 2.20 所示，对比 NCA、RCA 和 ERCA 混凝土立方体抗压强度的差异。由图 2.20 对比发现，ERCA 混凝土强度提高明显，与 RCA 相比，ERCA 混凝土立方体抗压强度提高了 32% 左右，并且超过了相同配合比的 NCA 混凝土立方体抗压强度 20% 左右，说明硅粉强化再生粗骨料的混凝土在强度方面得到明显改善。分析原因：一方面，硅粉渗入再生粗骨料孔隙与裂缝的效果比较明显，或者填充于水泥颗粒之间，使水泥石具有更致密的结构，从而增大了再生粗骨料与混凝土的强度，因此它是较好的填充材料；另一方面，再生粗骨料在浸泡过程中，硅粉消耗水泥水化后的多余产物 $Ca(OH)_2$，使混凝土中再生粗骨料硬化的水泥浆体与骨料的界面性能得到改善，进一步提高了混凝土的强度。

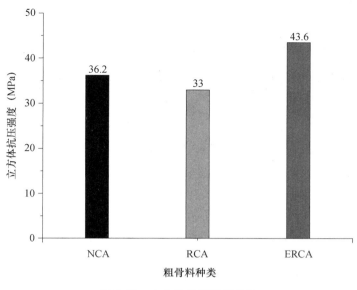

图 2.20　立方体抗压强度对比

2.4　小结

本章介绍了再生粗骨料的获取过程，对比研究了 NCA、RCA 和 ERCA 这 3 种粗骨料力学性能的差异，之后介绍了混凝土配合比的设计过程以及本书所采用的具体配合比，最后通过配制混凝土并研究其强度的差异，得出结论如下：

（1）由于再生粗骨料内部孔隙多、裂缝多的特性，RCA 与 ERCA 的表观密度都远小于 NCA；与 RCA 相比，ERCA 的表观密度增大约 0.59%，说明 RCA 通过硅粉浸泡强化后，硅粉填充了一部分骨料的内部裂缝，但与 NCA 相比，ERCA 的表观密度依旧偏小，密实程度还有待提高。

（2）RCA 与 ERCA 的吸水率都远高于天然粗骨料的吸水率，这是由于再生粗骨料在破碎过程中形成更多裂缝，从而导致吸水能力提高；再生粗骨料 10min 吸水量可以达到 24h 吸水量的 69%，而硅粉强化的再生粗骨料的 10min 吸水量可以达到 24h 吸水量的 59%，说明与 RCA 相比，ERCA 前期吸水速率较慢；ERCA 的 10min 吸水率与 RCA 的 10min 吸水率相比降低了 36%，ERCA 的 24h 吸水率与 RCA 的 24h 吸水率相比降低了 31%，说明再生粗骨料经过硅粉水泥浆液浸泡强化后，可以有效降低骨料的吸水率，硅粉水泥浆液可以较好地填充再生粗骨料裂缝。

（3）RCA 与 ERCA 的压碎指标都远高于 NCA；与 RCA 相比，ERCA 的压碎指标减小约 7.2%，说明 RCA 通过硅粉浸泡强化后，其强度明显提高，表明硅粉浸泡强化效果较好；但与 NCA 相比，ERCA 的压碎指标依旧较大，说明再生粗骨料通过硅粉浸泡强化处理以后与天然粗骨料仍有一些差距。

（4）与 RCA 相比，ERCA 混凝土立方体抗压强度提高了 32% 左右，甚至超过了相同配合比的 NCA 混凝土立方体抗压强度，说明硅粉强化再生粗骨料的混凝土在强度方面得到明显改善。

本章参考文献

［1］普通混凝土用砂、石质量及检验方法标准：JGJ 52—2006［S］．北京：中国建筑工业出版社，2007．

［2］建设用卵石、碎石：GB/T 14685—2011［S］．北京：中国标准出版社，2012．

［3］金属材料　拉伸试验　第 1 部分：室温试验方法：GB/T 228.1—2010［S］．北京：中国标准出版社，2011．

［4］混凝土用水标准：JGJ 63—2006［S］．北京：中国建筑工业出版社，2006．

［5］混凝土用再生粗骨料：GB/T 25177—2010［S］．北京：中国标准出版社，2010．

［6］普通混凝土配合比设计规程：JGJ 55—2011［S］．北京：中国建筑工业出版社，2011．

［7］普通混凝土力学性能试验方法标准：GB/T 50081—2002［S］．北京：中国建筑工业出版社，2003．

第3章　强化再生骨料混凝土梁的性能研究

3.1　试验设计

3.1.1　试验原材料

再生粗骨料原材料来源为河南城建学院建筑材料实验室试验废料，废弃混凝土经过人工进行初破，随后用颚式破碎机进行二次破碎，再通过筛分得到粒径为 5 ~ 31.5mm 的再生粗骨料，经过清洗后备用。本次试验所用水泥为平顶山大地水泥厂生产的普通硅酸盐水泥（P·O 42.5），硅粉来自郑州埃肯硅粉公司，砂子采用取自河南省平顶山市沙河中的普通河砂；受力钢筋采用 HRB335 钢筋，箍筋采用 HPB300 钢筋。除了浇筑每组构件之外，还要浇筑多个立方体试块，同时进行养护。要和梁的养护环境相同，以此消除其他因素对试验的影响，并测得混凝土立方体抗压强度。对纵向钢筋取样进行抗拉试验，测定钢筋主要力学性能屈服强度、极限强度和弹性模量。测试结果见表 3.1、表 3.2。

表 3.1　混凝土力学性能指标

试件编号	再生骨料取代率（%）	强化再生骨料取代率（%）	抗压强度（MPa）
L1	0	0	36
L2	100	0	31
L3	0	100	34

表 3.2　钢筋力学性能

试件编号	屈服强度（MPa）	极限强度（MPa）	弹性模量（MPa）
L1	425	635	2.05×10^5
L2	425	635	2.05×10^5
L3	425	635	2.05×10^5

3.1.2　试件设计

编号 L1 为由天然骨料制作的混凝土梁，L2 为由再生骨料制作的混凝土梁，L3 为全部由强化再生骨料制作的混凝土梁。由于再生骨料的吸水率较天然骨料的大，再生骨料配合比设计不同于普通混凝土的配合比设计，所以配合比设计在普通混凝土配合比基础上加上再生骨料多余的吸水量。混凝土配合比如表 3.3 所示。

表 3.3　混凝土配合比

试件编号	取代率（%）	砂率（%）	各种材料用量（kg/m³）				
			水	水泥	砂	天然骨料	再生骨料
L1	0	31	180	390	620	1200	0
L2	100	31	233	390	620	0	1200
L3	100	31	233	390	620	0	1200

3.1.3　试件制作

三根混凝土梁截面尺寸和配筋相同，见图 3.1。纵向架立钢筋采用的是两根直径为 8mm 的 HPB300 钢筋；纵向受力钢筋采用两根直径为 12mm 的 HRB335 钢筋；箍筋采用直径为 6mm 的 HPB300 钢筋；试件截面尺寸均为 2800mm×180mm×120mm。

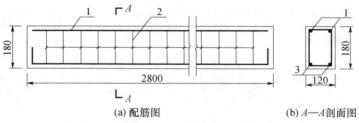

(a) 配筋图　　　　　　　(b) A—A 剖面图

图 3.1　试件配筋及截面尺寸（单位：mm）

1—架立筋；2—箍筋；3—受力筋

本书采用化学强化方法，通过添加硅粉来强化水泥砂浆。硅粉能填充于水泥颗粒间，使水泥石具有致密的结构，从而提高混凝土的强度，以达到改善混凝土性能的目的。按照水∶水泥∶硅粉 = 1.1∶1.0∶0.1 配制化学浆液，搅拌均匀，然后把再生骨料放入其中，每半个小时翻动一次，浸泡 4h 后捞出，捞出时要用筛子筛掉附着在骨料的浆液，晾干放置两个星期后使用。制作现场如图 3.2 所示。按照规范要求绑扎钢筋笼并贴好应变片，如图 3.3 所示。

图 3.2　骨料强化

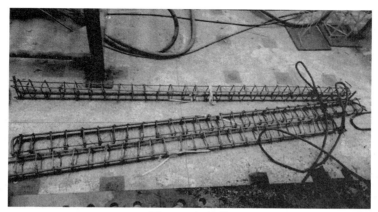

图 3.3　钢筋笼

3.2　试验过程

3.2.1　测点布置

本次强化再生骨料混凝土梁的受弯性能试验在河南省平顶山市河南城建学院结构实验室内进行。三分点对称集中加载方式是梁受弯试验常采用的加载方式，本次试验也采用此方法加载。混凝土梁的受弯性能试验加载测点布置见图 3.4。

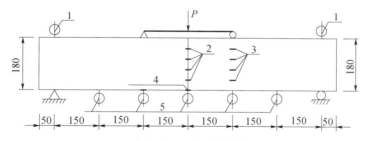

图 3.4　混凝土测点布置

1—支座沉降测量千分表；2—测量梁跨中混凝土表面应变的位移计；

3—测量梁混凝土三分点混凝土表面应变的位移计；

4—受力钢筋应变片；5—测量梁挠度百分表

3.2.2　试验加载

如图 3.5 所示，试验装置为 200kN 的压力试验机及反力架，试验构件两端各向跨中量取 50mm，用于放置支座，一端为固定铰支座，一端为活动铰支座。将试件三等分，跨中分配梁长度为 900mm，分配梁对称放置在梁上端形成纯弯段，以便荷载均匀施加在试件上。试验数据采集采用英国数力强公司生产的 IMP 数采设备。

试验过程中注意：①通过试验研究比较普通混凝土梁、再生骨料混凝土梁以及强化再生骨料混凝土梁的受弯特性，主要对比分析三种梁的破坏形态、承载力等受弯性能；②观察分析强化再生骨料混凝土梁的变形性能；③通过对试验结果分析，观察分析强化骨料对再生混凝土的影响规律。

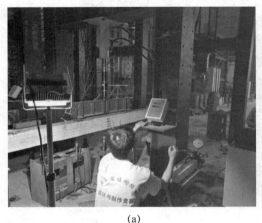

(a)   (b)

图 3.5　试验现场

试验正式加载前进行预试验，即预加载，目的是确定各测量仪器的工作状态是否正常，检查全部试验装置是否可靠，各个部分试件接触是否良好，是否进入正常的工作状态。正式加载时，每级荷载加载值为估计承载力的 1/10 左右，每级荷载加载完后，稳定 3min 再进行读数。在试件临近破坏时适当降低加载等级，以便较为准确地判断极限承载力。观察到试件快破坏时，为了减少其他因素的影响，使试验测定数值比较准确，此时加载值要变小，变为极限荷载的 5%，缓慢进行加载。从开始加载到试件破坏，需加 10~15 级荷载。

试验过程中，每级荷载加载完毕后，要仔细观察裂缝的相关情况（裂缝出现时间、裂缝位置等）。若出现了裂缝，用记号笔进行标号，标出裂缝级别，记录此时的荷载。继续加载过程中，用铅笔在裂缝旁边描绘出每级荷载裂缝发展情况，同一条裂缝在不同等级荷载下的开展情况要用截止号打断，方便后期查看和分析。

当结构或结构构件出现以下情况时，认为达到了承载能力极限状态：持续加载时，加荷值不再上升，但是钢筋位移一直在增加（超过了钢筋的屈服强度）、测定的应变值迅速增大、梁产生过度塑性变形、受压区混凝土被压碎等。

3.2.3　试验现象

1. 试件 L1

试件 L1 破坏状态如图 3.6 所示。该试件东西方向放置在支座上，以便观察记录。

通过预加载，确定各测量仪器的工作状态正常，加载装置可靠，与各个部分试件接触良好，进入正常工作状态。之后开始正式加载，以每次加载 1kN 的方式进行加载。由于试验属于静力加载，加载速度不能过快，因此每级加载时间控制在 90s 左右。在荷载达到 6.24kN 时，混凝土受拉区边缘首先达到抗拉强度，在距离跨中东 20cm 处出现宽度大约 0.02mm 的垂直裂缝。

图 3.6　试件 L1 破坏状态

荷载达到 7kN 时，东边支座下方出现长度约 4cm 的裂缝，距离跨中西 15cm 处出现长度约 2cm 的裂缝，裂缝均垂直向上开展；继续加载至 8kN 时，东边支座下方裂缝继续向上开展，延伸大约 3cm，距离跨中西 15cm 处裂缝向上开展 3cm；加载至 9kN 时，在距离跨中东 20cm 处裂缝向上延伸 4cm，现象比较明显；9.5kN 时，出现一条新裂缝，距离西边支座西 8cm，长度约 4cm；10kN 时，距东支座东 15cm 处出现 3cm 新裂缝；11kN 时，距离东支座东 25cm 处出现 3cm 新裂缝，距跨中西 36cm 处出现 2cm 新裂缝，距离跨中西 15cm 处裂缝继续向上延伸大约 2cm；12kN 时，距离西边支座 8cm 处裂缝向上延伸 3cm；13kN 时，距跨中东 7cm 处出现长度约 7cm 的新裂缝，距跨中西 6cm 处出现长度约 6cm 的裂缝，距离东支座东 40cm 处出现约 2cm 新裂缝；14kN 时，东支座下方出现长约 6cm 的裂缝；14.3kN 时，西支座下方出现 5.7cm 裂缝；15kN 时，裂缝开展现象不太明显；16kN 时，钢筋出现略咯吱声音，距跨中西 30cm 处出现 5cm 裂缝，距西支座 36cm 处出现约 6.5cm 裂缝；17kN 时，多条裂缝开始延伸，距离西边支座西 8cm 位置开始出现新裂缝，底部混凝土有压碎迹象，这条新裂缝从底部出现，延伸 2cm 后与距离西边支座西 8cm 处裂缝连到一起，距跨中东 7cm 处裂缝延伸 2cm，距跨中西 6cm 裂缝延伸 3cm，距离东支座东 25cm 处裂缝延伸 3cm，西支座下方裂缝延伸 1cm；19kN 时，距离跨中西 25cm 处出现一条新裂缝，长约 4.5cm；20kN 时，距离东支座东 40cm 处裂缝向上开展长度约 4cm；21kN 时，东支座下方裂缝变宽；22kN 时，距离东支座东 40cm 处裂缝向上开展长度约 2cm，距跨中东 7cm 处裂缝向上开展 2cm；23kN 时，多条裂缝同时开展，距离西支座 27cm 处出现长约 10cm 新裂缝，斜向西支座大约 45°方向向上开展，距离东支座 50cm 处出现长度约 9.5cm 新裂缝；26kN 时，东边支座下方裂缝继续开展约 2cm，距跨中西 36cm 处裂缝斜向左下方延伸 2cm；27kN 时，距离跨中东 20cm 处裂缝向右上方 45°延伸 2cm；28kN 时，东、西支座中间多条裂缝开始加宽；29kN 时，跨中顶部混凝土出现崩裂声音，开始有压碎迹象，满足适筋梁标准。

继续观察，混凝土梁顶部混凝土碎渣开始掉落，受力钢筋出现咯吱声，持续加载，咯吱声音频繁出现。此时虽然继续加载，但是荷载值在逐渐下降，在荷载达到 30.53kN 时钢筋开始屈服，此时能够明显看出试件已经发生弯曲；荷载值达到 31.61kN 时，继续加载声响变多，此时荷载值急速降低。受压区混凝土破坏，试验结束。

2. 试件 L2

试件 L2 破坏现象如图 3.7 所示。该试件东西方向放置在支座上，以便观察记录。预加载完成后开始正式加载。

3.84kN 时，跨中出现长度约 2cm 裂缝；5kN 时，东支座西 5cm 处出现长约 2cm 的新裂缝；6kN 时，东支座西 5cm 处裂缝延伸 1cm；7kN 时，东支座西 20cm 处出现 2cm 新裂缝，距跨中 18cm 处出现 2cm 新裂缝，距西支座东 14cm 处增加 2cm 新裂缝；8kN 时，跨中裂缝延伸 2cm，东支座西 5cm 处向上延伸 4cm，距西支座东 14cm 处裂缝向上延伸 4cm，东支座西 20cm 处裂缝向上开展 2cm，距跨中 18cm 处继续开裂 2cm；9kN 时，西支座西 5cm 处出现长约 3.5cm 的新裂缝；10kN 时，距西支座西 15cm 处出现长度约 3cm 的新裂缝，东支座 10cm 处出现约 6cm 的新裂缝，距西支座东 14cm 处的裂缝继续开展，长度约 2cm，东支座 17cm 处出现 2cm 新裂缝；11kN 时，距跨中东 11cm 处出现了约 3cm 的新裂缝；12kN 时，东支座东 28cm 处出现 3cm 新裂缝，跨中裂缝向上延伸 3cm，距西支座东 14cm 处裂缝向上延伸 1.5cm，东支座西 20cm 处裂缝向上延伸 2cm；13kN 时，西支座西 20cm 处出现 6cm 新裂缝，距东支座西 5cm 处裂缝延伸 2.5cm，距跨中东 11cm 处裂缝向上延伸 4.5cm；14kN 时，裂缝无明显延伸迹象；15kN 时，东支座 10cm 处裂缝继续向上延伸 2.5cm；16kN 时，西支座西 5cm 处裂缝向上延伸 2cm，东支座西 5cm 处裂缝向上开展 1cm，此时支座下方附近裂缝开始延伸；17kN 时，距东支座东 40cm 处出现 2.5cm 新裂缝，距西支座西 40cm 处也出现长约 2.5cm 的新裂缝；18kN 时，跨中支座裂缝变宽；19kN 时，没有明显裂缝延伸或者变宽现象出现；20kN 时，听到钢筋紧绷声音；21kN 时，距西支座东 14cm 处出现横向裂缝，距西支座西 40cm 处裂缝向上开展 2cm，距跨中 18cm 处裂缝向上开展 2cm，东支座西 5cm 处裂缝向上延伸 1cm，西支座西 20cm 处裂缝向西支座外沿 45°方向开展 2.5cm，东支座东 28cm 处裂缝斜向支座 45°方向开展 4cm；21kN 时，距东支座东 40cm 处裂缝向上继续增加 2cm，东支座东 28cm 处裂缝向上开展 2cm；22kN 时，距西支座西 15cm 处裂缝向支座方向开展 3cm，距东支座东 40cm 处出现长约 7cm 的新裂缝，东支座 17cm 处裂缝斜向 45°延伸大约 3cm，距西支座西 40cm 处裂缝斜向 45°延伸 3cm；24kN 时，跨中底部原裂缝旁新出现一条微小裂缝，小部分混凝土被压碎；25kN 时，西支座西 5cm 处裂缝向上开展 4cm；26kN 时，多条裂缝开始加宽、延伸，多条裂缝高度接近梁高一半；28kN 时，混凝土开始出现崩裂声，钢筋出现咯吱声。荷载值达到 28.84kN 时，继续加载，声响变多，此时荷载值急速降低。受压区混凝土破坏，试验结束。

L2 试件产生的裂缝比 L1 产生的裂缝宽，撤掉试件后将裂缝处混凝土砸开，经过仔细观察，发现其中的骨料内部也发生了一些裂痕。

图 3.7　试件 L2 破坏现象及跨中裂缝发展情况

3. 试件 L3

L3 试件破坏现象如图 3.8 所示。该试件东西方向放置在支座上，以便观察记录。预加载完成后开始正式加载。

5.2kN 时，在跨中底部位置出现第一条裂缝，垂直长度约 2cm；5.48kN 时，距跨中 18cm 处出现新裂缝；6kN 时，距跨中 18cm 处裂缝继续向上开展大约 3cm；7kN 时，裂缝斜向上向支座大约 45°方向发展 2cm，对称位置出现新裂缝，跨中裂缝向上开展大约 1cm；7.12kN 时，支座与跨中中间位置出现 1cm 长的新裂缝；7.79kN 时，跨中裂缝开展为 3.5cm，跨中与支座中间位置裂缝向上延伸约 1cm；8kN 时，距跨中 18cm 处裂缝向上开展 1cm；8.38kN 时，距支座西 3cm 处出现新裂缝；9kN 时，东边支座处裂缝向上开展 2cm；9.74kN 时，距东支座 8cm 处出现新裂缝，大约 1.8cm；10kN 时，已经出现多条裂缝；10.17kN 时，距东支座 8cm 处裂缝继续向上开展 3cm；11kN 时，距西支座 12cm 处裂缝向支座 45°方向开展 4cm；12kN 时，跨中裂缝达到 9cm，西支座下方出现一条新裂缝；12.55kN 时，跨中东 18cm 处裂缝继续向上开展 5cm，跨中西 18cm

处裂缝开展长度约为9cm，达到梁高的一半；13kN时，距东支座25cm处出现5cm长裂缝，东支座下方裂缝继续向上开展1cm，西支座处裂缝没有开展，距西支座12cm处出现新裂缝；14kN时，距东支座25cm处裂缝继续向上开展，距离西支座12cm处裂缝斜向上开展；16kN时，距跨中38cm处出现新裂缝，长度约1.5cm，停止加载1min观察，距跨中西5cm处出现新裂缝，距东支座30cm处出现8cm向支座方向延伸的新裂缝，距西支座20cm处裂缝向上开展2.5cm，距西支座40处裂缝向上开展3.5cm；16.49kN时，东西支座及附近裂缝变宽；16.83kN时，距东支座25cm处裂缝继续延伸3cm；18kN时，距东支座5cm处裂缝向上开展大约5cm，距东支座50cm处出现约6cm的新裂缝，跨中裂缝向上开展，能够观察到梁向下弯曲；22kN时，无新裂缝出现；23kN时，2号钢筋应变达到2000με，接近屈服；24kN时，距西支座西10cm处裂缝向上开展4cm，距西支座西5cm处裂缝向上开展3cm；25kN时，距东支座25cm处裂缝向45°方向开展6cm；26kN时，跨中裂缝向上开展约3cm；27kN时，跨中东50cm处裂缝斜向上开展大约3cm；28.4kN时，钢筋出现略吱声音；29kN时，距西支座20cm处裂缝向上开展5cm；30kN时，东支座处裂缝向上开展1cm。30.1～30.2kN时，持续加载，荷载值不增加；持续加载，挠度逐渐下降，荷载不再增加，形成了塑性铰。此时跨中裂缝宽约2mm，之后持续加荷，荷载稳定在30.5kN，跨中顶部混凝土压碎。荷载值达到30.92kN时，受压区混凝土破坏，试验结束。

图3.8　试件L3跨中裂缝开展情况及顶部混凝土压碎情况

3.3　试验结果及分析

3.3.1　平截面假定

在材料力学中，平截面假定可以理解为：假定有一个想象的与杆件轴线垂直的平截面，在变形过程中仍是平面，而且与变形后杆件的轴线垂直。平截面假定的实质在于纵向纤维间不发生挤压，且能完全传递剪力时，变形前的平面在变形后仍为一平面，如图 3.9 所示。

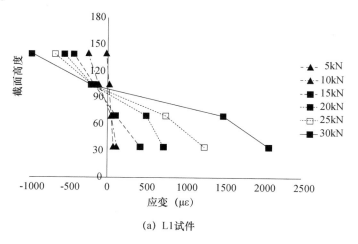

(a) L1试件

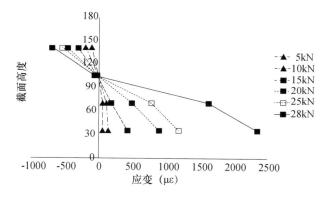

(b) L2试件

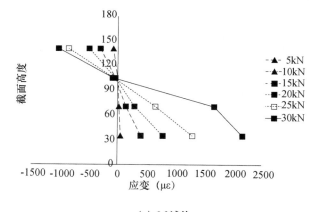

(c) L3试件

图 3.9　试验梁跨中截面混凝土应变分布

由图3.9可以看出，在某一特定荷载作用下，跨中截面上混凝土的应变值与该点至中和轴的距离近似呈正比关系。再生骨料混凝土梁与强化再生骨料混凝土梁的受弯过程中，平截面假定依然成立。

3.3.2 荷载-挠度曲线分析

位移计位移数值为跨中位移的大小，试验过程中由数据采集系统采集完成，考虑到某些因素对试验的影响，比如支座在进行试验加载的过程中会产生一些下沉，从而计算出三根梁相应的挠度值，然后根据计算出来的结果绘制出曲线图，并对荷载－跨中挠度曲线图进行分析，如图5.10所示。

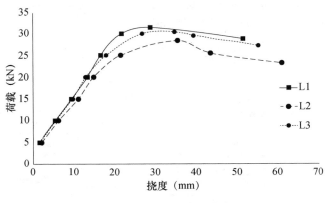

图3.10 荷载－挠度曲线

由图3.10可知，再生骨料混凝土梁和强化再生骨料混凝土梁与普通混凝土梁进行比较发现，三者的破坏过程类似，也都经历了三个阶段。在第一阶段（弹性阶段），三根梁的挠度都随着荷载的增加而线性增加；在第二阶段（带缝工作阶段），混凝土梁出现开裂后，此时曲线呈非线性增加关系；在第三阶段（破坏阶段），曲线增加缓慢，向水平方向发展，在发生破坏后曲线逐渐缓慢下降，下降幅度较小。曲线达到极限荷载后，再生骨料混凝土梁L2的跨中挠度变化比较大，可能是因为内部的再生骨料在试验加载过程中也产生了裂缝。但是强化再生骨料混凝土梁的性能比较接近普通混凝土梁，说明骨料经过强化后性能得到了提高，为以后在工程中的使用提供了一些理论依据。

3.3.3 受力钢筋应力-应变曲线分析

试验过程中的钢筋应变数值由系统自动采集得出，得到的天然骨料混凝土梁L1、再生骨料混凝土梁L2、强化再生骨料混凝土梁L3的钢筋应变数据经过整理汇总后，绘成荷载-跨中钢筋应变曲线图，如图3.11所示。

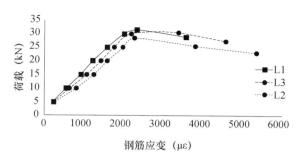

图 3.11　跨中钢筋荷载-应变曲线

由图 3.11 可以看出，三根梁的跨中钢筋应变曲线的发展趋势比较类似，前面一段近似为直线，中间一段曲线，最后一段大致为水平线。强化再生骨料混凝土梁的应变曲线更接近天然骨料混凝土梁，再生骨料混凝土梁的应变曲线的变化相对来说比较明显。L2 与 L3 钢筋屈服后，应变值继续增大，增大的幅度比普通混凝土梁 L1 大，说明再生骨料混凝土梁和强化再生骨料混凝土梁的延性较好。

3.3.4　极限承载力计算分析

从前面试验分析看出，再生骨料混凝土梁和强化再生骨料混凝土梁正截面试验过程满足天然混凝土受弯构件正截面承载力计算时的基本假定，可以按照《混凝土结构设计规范》（GB 50010—2010，2015 版）中的公式进行计算，见公式（3.1）～公式（3.3）。将理论计算结果与实际测出的结构进行比较和分析，见表 3.4。

普通混凝土梁正截面受弯承载力计算公式：

$$\alpha_1 f_c b x = f_y A_s \tag{3.1}$$

$$M_u = \alpha_1 f_c b x \left(h_0 - \frac{x}{2} \right) = f_y A_s \left(h_0 - \frac{x}{2} \right) \tag{3.2}$$

$$M_u = f_y A_s \left(h_0 - \frac{f_y A_s}{2\alpha_1 f_c b} \right) \tag{3.3}$$

公式中的参数均按照设计规范选取。

表 3.4　梁的理论计算结果和实测结果对比分析

试件编号	理论计算极限弯矩 M_{uc}（kN·m）	实测结果极限弯矩 M_{ul}（kN·m）	M_{ul}/M_{uc}
L1	12.37	14.22	1.14
L2	12.20	12.98	1.06
L3	12.31	13.91	1.12

由表 3.4 可知，三根梁的实测结果 M_{ul} 都大于理论计算结果 M_{uc}，强化再生骨料混凝土梁的 M_{ul}/M_{uc} 值比较接近普通混凝土梁，可以考虑在工程中使用。

3.4　小结

本次试验通过对三根梁试验现象和数据进行分析和对比后得出以下结论：

（1）再生骨料混凝土梁和强化再生骨料混凝土梁的破坏情况和普通混凝土梁的类似，在相同位置也都出现裂缝，但破坏程度有些差别。再生骨料混凝土梁的破坏情况最为严重，其次是强化再生骨料混凝土梁，最后是普通混凝土梁。从试验开始加载到试件临近破坏的过程中，再生骨料混凝土梁和强化再生骨料混凝土梁正截面仍服从平截面假定。

（2）试验表明：再生骨料经过强化后，用其作为骨料浇筑的混凝土的性能得到了提高，比较接近普通混凝土梁。混凝土梁的开裂荷载、屈服荷载和极限荷载相比较：天然骨料混凝土梁 > 强化再生骨料混凝土梁 > 再生骨料混凝土梁。最大裂缝宽度和跨中挠度比较如下：再生骨料混凝土梁 > 强化再生骨料混凝土梁 > 天然骨料混凝土梁。再生混凝土梁产生的裂缝，其发展特点是比较紊乱和密集，强化再生骨料混凝土梁的裂缝发展相对来说较好于再生骨料混凝土梁的裂缝发展，比较接近天然骨料混凝土梁。

（3）再生骨料混凝土和强化再生骨料混凝土技术研究有重大意义，应用于实际工程后将会在一定程度上改善建筑垃圾难以处理的现状，使得废弃混凝土得到再利用的机会，对于改善生态环境、解决建筑垃圾处理问题、节约资源、绿色环保、走可持续发展道路也具有非常重要的意义。

（4）建议：三种梁的抗弯承载力计算都满足现行规范设计要求。由再生骨料制作混凝土梁对其强度有一定的影响，但是再生骨料强化后其抗弯机理和天然骨料混凝土梁大致相似，在工程中可以考虑使用强化骨料。再生粗骨料混凝土梁，其受弯机理和天然骨料混凝土梁也比较相似，但是其极限承载力较低，在工程中不能用于制作高强度混凝土。

第4章　强化再生骨料混凝土柱的静力性能研究

4.1　试验设计

4.1.1　试验材料

本次试验对强化再生骨料混凝土柱子进行压力试验，研究其承载力、裂缝开展情况、钢筋应变和混凝土应变等方面的内容，并且与普通混凝土和再生骨料混凝土柱子进行对比，得出强化再生骨料混凝土柱子的受压破坏特征。

水泥采用河南省大地水泥制品有限公司生产的 42.5 级普通硅酸盐水泥，砂采用普通的黄砂，水采用结构实验室内的自来水，钢筋采用 HPB300 和 HRB335 钢筋，直径分别是 6mm 和 14mm，天然骨料为连续的级配碎石，再生粗骨料由结构实验室试验后废弃的混凝土试件破碎、筛分而来，硅粉来自郑州埃肯硅粉公司。

本次试验采用结构实验室内的滚筒搅拌机搅拌混凝土，混凝土强度等级为 C30，除了浇筑构件之外，再浇筑 9 个 150mm × 150mm × 150mm 的立方体试块，每组各 3 个，用于测定普通混凝土、再生骨料混凝土和强化再生骨料混凝土立方体抗压强度。本试验采用的混凝土配合比如表 4.1 所示。

表 4.1　C30 混凝土配合比

混凝土种类	粗骨料（kg）	水泥（kg）	水（kg）	砂子（kg）
普通混凝土	1200	390	180	620
再生骨料混凝土	1200	390	233	620
强化再生骨料混凝土	1200	390	233	620

对 9 个立方体小试块进行压力试验，得出它们的抗压强度，如表 4.2 所示。

表 4.2　立方体抗压强度实测值

再生粗骨料取代率（%）	立方体抗压强度 f_{cu}（N/mm^2）
0	36
50	31
100	34

本试验采用的钢筋是 HRB335 和 HPB300 钢筋，根据要求，采样测试其屈服强度和极限抗拉强度，如表 4.3 所示。

表 4.3　钢筋屈服强度和极限抗拉强度

钢筋型号	屈服强度 f_y（N/mm²）	极限抗拉强度 f_u（N/mm²）	弹性模量 E_s（MPa）
HRB335	371.2	542.6	2.1×10^5
HPB300	322.1	442.5	2.1×10^5

4.1.2　试件设计及制作

本试验研究强化再生骨料混凝土柱子的受力特征，试验制作 9 个试件，普通混凝土柱子、再生骨料混凝土柱子和强化再生骨料混凝土柱子各 3 个，具体参数见表 4.4。

表 4.4　试件具体参数

编号	混凝土类型	再生骨料取代率（%）	偏心距（mm）	数量（根）
PT01	普通混凝土柱 C30	0	0	1
PT02	普通混凝土柱 C30	0	60	1
PT03	普通混凝土柱 C30	0	150	1
ZS01	再生骨料混凝土柱 C30	50	0	1
ZS02	再生骨料混凝土柱 C30	50	60	1
ZS03	再生骨料混凝土柱 C30	50	150	1
QS01	强化再生骨料混凝土柱 C30	100	0	1
QS02	强化再生骨料混凝土柱 C30	100	60	1
QS03	强化再生骨料混凝土柱 C30	100	150	1

轴心受压柱子的截面尺寸是 300mm×300mm，柱子高度是 1200mm，纵向配筋为 4 根 HPR335 钢筋，直径是 14mm，箍筋采用 HPB300 钢筋，直径是 6mm，间距是 80mm，柱子两端箍筋加密区的箍筋间距为 40mm。其配筋图如图 4.1 所示。

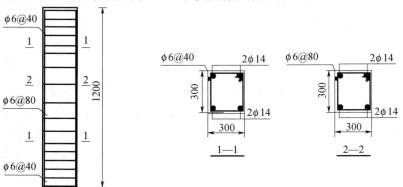

图 4.1　轴心受压试件配筋图

偏心受压柱子柱身的截面尺寸为 300mm × 300mm，柱子两端截面尺寸为 300mm × 500mm，偏心距分别为 60mm、150mm，柱子的总高度是 1400mm，纵向配筋为 4 根 HPR335 钢筋，直径是 14mm，柱身箍筋采用 HPB300 钢筋，直径是 6mm，间距是 80mm，柱子两端箍筋加密区的箍筋间距为 40mm。其配筋图如图 4.2 所示。

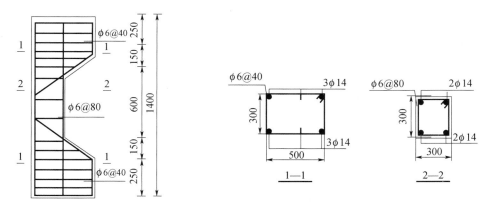

图 4.2　偏心受压试件配筋图

4.2　试验过程

4.2.1　测点布置

为测量受压柱中部纵筋的应变和混凝土的应变，在 4 根纵筋中部各布置一个电阻应变片，在试验过程中，记录受压柱中部纵筋的应变，测点布置如图 4.3 所示。

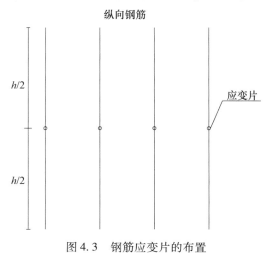

图 4.3　钢筋应变片的布置

　　轴心受压柱子位移计的布置：在柱子西面横竖中线交叉处布置位移计1和2，在柱子南面横竖中线交叉处布置位移计3和4，在柱子东面横竖中线交叉处布置位移计5和6，在柱子北面横竖中线交叉处布置位移计7和8，试验中记录位移计数据，用于分析混凝土的应变。轴心受压柱子位移计的布置如图4.4所示。

　　偏心受压柱子位移计的布置：在柱子西面横竖中线交叉处布置位移计1，在柱子南面横向中线上布置位移计2、3和4，在柱子东面横竖中线交叉处布置位移计5，在柱子北面横向中线上布置位移计6、7和8。偏心受压柱子位移计的布置如图4.5所示。

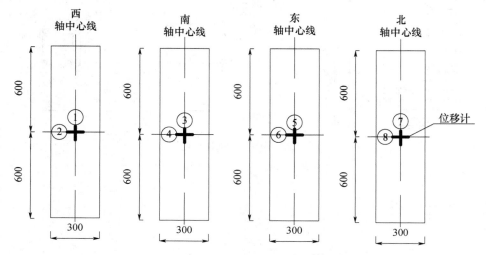

图4.4　轴心受压柱子位移计的布置

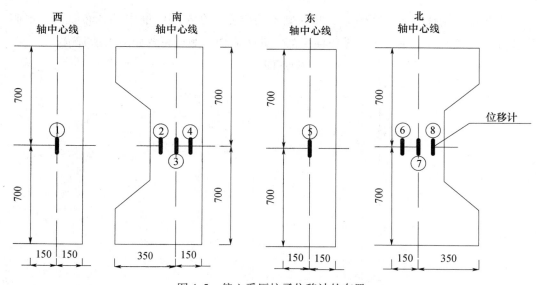

图4.5　偏心受压柱子位移计的布置

　　观察强化再生骨料混凝土柱子受压破坏特征，并且与普通混凝土柱子和再生骨料混凝土柱子的破坏特征进行比较。

（1）记录电阻应变片的数值变化，据此分析钢筋的应变。

（2）记录位移计的数值变化，据此分析混凝土的应变。

（3）记录柱子的开裂荷载、屈服荷载和破坏荷载。

4.2.2　试验加载

本试验是在河南城建学院土木工程结构实验室进行的，试验装置采用 500t 压力试验机（图 4.6），试件安装如图 4.7、图 4.8 所示，柱子上端采用刀铰支座，以保证偏心受力的准确度。

图 4.6　压力试验机

图 4.7　偏心受压试件安装

图4.8　轴心受压试件安装

进行试验以前，先将试件的表面清理干净，用腻子粉对试件表面进行刷白，然后用墨斗在试件表面弹出边长为50mm的方格线方便观察裂缝的开展情况。本次试验采用的方法是单调连续荷载分级加载法，对于轴心受压柱子，首先画出柱子底面四条边的中点，接下来将这四个中点跟试验机平台底板四边的中点对齐，然后试件下部用细砂找平，缓慢地将柱子立起来，使其保持竖直状态，此时在柱子顶放一些细砂用于找平。安装位移计，并检查能否正常工作，确认无误后开动机器缓慢提升底板，使柱子逐渐上升，当细砂与顶板刚接触时，缓慢加载，初载50kN，接下来每级增加50kN，直至试件破坏。试验中每达到一级荷载，观察、描绘并记录试件的裂缝开展情况，通过数据采集仪（图4.9）记录应变片的应变值和位移计的位移大小。

对偏心受压试件，试验机底板上面放一个固定铰支座，支座位于底板的正中央，试件放在支座上，先用尺子在试件底边画出偏心距的位置，然后将此位置跟支座底边中点对齐，缓慢地将柱子立起来，使其保持竖直状态，在试件上部采用刀铰支座，以避免荷载倾斜。然后安装位移计，并检查能否正常工作，确认无误后开动机器缓慢提升底板，当上部刀铰支座接触到顶板时，开始缓慢加载进行试验，初载50kN，接下来每级增加50kN，直至试件破坏。试验中每达到一级荷载，观察、描绘并记录试件的裂缝开展情况，通过数据采集仪记录应变片的应变值和位移计的位移大小。

图 4.9　数据采集仪

4.2.3　试验现象

1. 轴心受压柱

试件 PT01、ZS01 和 QS01 为轴心受压柱，通过试验可以发现，普通混凝土柱、再生骨料混凝土柱和强化再生骨料混凝土柱轴心受压时在裂缝出现、裂缝发展和破坏过程等方面基本相似，在加载的初期，荷载比较小的时候，混凝土、纵筋及箍筋均处于线弹性状态，混凝土应变缓慢增加，观察不到明显的裂缝。

对于试件 PT01，加载初期，没有明显的变化，没有声音，也没有出现裂缝，当加载到 280kN 时，西面左侧上部出现一条长约 30mm 的竖向裂缝，宽度比较窄，不是很明显，此时没有明显的声音，随着荷载的缓慢增加，裂缝逐渐地变长变宽，裂缝深度逐渐增加；当加载到 532kN 时，试件东面中部出现一条长约 20mm 的竖向裂缝，裂缝宽度比较窄，随着荷载的不断增加，原有裂缝长度不断增加，不断变宽，并且不断出现新的裂缝，裂缝逐渐向柱子中部发展；当加载到 793kN 时，试件南面右上角出现一条长度大约为 40mm 的竖向裂缝；加载到 965kN 时，试件北面中部出现一条长度大约为 100mm 的竖向裂缝，继续增加荷载，原有裂缝不断发展变化；加载到 1560kN 时，试件南面中部出现一条长度大约为 80mm 的斜向裂缝，北面左上角出现一条长度大约为 100mm 的斜向裂缝，随着荷载的增加，柱子四周开始出现斜向裂缝，且不断发展，和竖向裂缝出现贯通，在加载的过程中，能够明显地听到混凝土开裂的声音；当加载到 2236kN 时，混凝土碎石掉落，试件失去承载能力。

对于试件 ZS01，加载初期，没有明显的变化，没有声音，也没有出现裂缝，当荷载达到 224kN 时，试件东面上部出现一条长约 30mm 的斜裂缝，裂缝宽度非常小，此时没有明显的声音；继续增加荷载，当荷载达到 436kN 时，试件南面上部中间出现一条长度大约为 30mm 的竖向裂缝，此时没有异常响声，随着荷载的增加，裂缝宽度逐渐变大，长度逐渐变长，裂缝的深度也变深；当荷载达到 756kN 时，试件北面中部出现一条长度大约为 100mm 的斜向裂缝；继续增加荷载，当荷载达到 863kN 时，试件北面上部出现一条长度大约为 80mm 的斜向裂缝，随着荷载的增加，裂缝逐渐向下扩展，并且出现了斜向裂缝和竖向裂缝贯通的现象，继续增加荷载，柱子四周逐渐出现多条斜向裂缝，各条裂缝不断扩展；当荷载达到 2045kN 时，柱子中部略微鼓起，突然出现爆裂声，试件失去承载能力。

对于试件 QS01，加载初期，试件没有明显变化，没有声音，也没有出现裂缝，当荷载达到 250kN 时，试件东面上部中间出现两条竖向裂缝，长度分别为 20mm 和 30mm，裂缝非常细，此时没有异常响动；继续增加荷载，当荷载达到 590kN 时，试件的西面中部出现一条长约 30mm 的竖向裂缝；继续增加荷载，当荷载达到 700kN 时，试件北面中间出现一条长度大约为 100mm 的竖向裂缝；当荷载达到 1000kN 时，试件东面中部出现一条长度大约为 100mm 的斜向裂缝；加载到 1050kN 时，试件北面左下角出现一条长度大约为 100mm 的竖向裂缝；继续增加荷载，当荷载达到 1750kN 时，能明显听到混凝土劈裂的声音；加载到 1850kN 时，柱子四周不断出现斜裂缝，各条裂缝长度不断增加，裂缝宽度不断扩展；当加载到 2184kN 时，裂缝交叉发展，混凝土剥落，试件失去承载能力。

2. 小偏心受压柱

试件 PT02、ZS02 和 QS02 为小偏心受压柱，偏心距都为 60mm。

对于试件 PT02，当荷载加到 562kN 时，在试件西侧的上部和下部出现一条长约 50mm 的裂缝，随着荷载的增加，裂缝发展缓慢；当加载到 1760kN 时，试件东面即受压侧两根纵筋中点处应变值达到 $2250\mu\varepsilon$，已经屈服，此时试件西面即受拉侧的钢筋中点处最大应变值只有 $450\mu\varepsilon$，还没有屈服；继续增加荷载，当荷载达到 1986kN 时，试件东面即受压侧的纵筋应变为 $2512\mu\varepsilon$，达到了极限应变，此时试件西面即受拉侧应变只有 $475\mu\varepsilon$，仍未屈服，试件南面受压区的竖向裂缝逐渐增多，裂缝比较密、比较长，此时，继续加大荷载，裂缝开展得比较缓慢，钢筋应变的变化速度也不快；当荷载加到 2134kN 时，可以听到混凝土崩裂的声音，试件东侧破坏，试件西面即受拉侧的中部出现了一条横向裂缝，没有明显的主裂缝，试件西面即受拉侧钢筋还没有屈服。

对于试件 ZS02，当荷载加到 316kN 时，在试件西面即受拉侧中上部出现了一条长度大约为 20mm 的裂缝，裂缝宽度小，为横向裂缝，随后加大荷载，发现该裂缝不断发展，裂缝宽度缓慢增加，长度不断发展；当加载到 1236kN 时，裂缝发展速度加快，出现了很多细小裂缝；当荷载达到 1980kN 时，东面即受压侧纵筋中部应变值为 2213$\mu\varepsilon$，已达到屈服，试件西面即受拉侧的纵向钢筋应变值为 843$\mu\varepsilon$，还没有屈服；加载到 1985kN 时，东面即试件受压区的混凝土突然破坏，此时能够听到明显的响声，很大一部分的混凝土被压碎，此时试件北面和南面受压区有几条裂缝比较宽、比较长，并且伴随着混凝土的掉落，试件西面即受拉侧的横向裂缝比较宽、比较长，但是没有明显的主裂缝，这种破坏形式属于脆性破坏，具有明显的小偏压破坏特征。

对于试件 QS02，当荷载加到 435kN 时，试件西面即受拉区出现了长度大约 30mm 的横向裂缝，裂缝宽度比较小，长度也比较短，随后加大荷载，随着荷载的增大，裂缝发展得比较缓慢；当荷载达到 1536kN 时，裂缝发展的速度加快；当荷载加到 1629kN 时，试件东面即受压侧钢筋应变已达到 1982$\mu\varepsilon$，此时受压侧钢筋已经屈服，受拉侧的应变达到 232$\mu\varepsilon$，受拉侧钢筋还没有屈服；当荷载加到 1843kN 时，受压侧钢筋应变为 2120$\mu\varepsilon$，已经达到极限应变，受拉侧应变只有 436$\mu\varepsilon$，还没有屈服；当荷载达到 2120kN 时，试件西面即受拉侧的横向裂缝发展速度加快，此时能够明显听到混凝土劈裂的声音，试件被破坏。试件破坏以前没有明显的征兆，这种破坏形式表现出了明显的小偏心受压破坏的特征。

3. 大偏心受压柱

试件 PT03、ZS03 和 QS03 为大偏心受压柱，偏心距都为 150mm。

对于试件 PT03，加载初期，当荷载达到 243kN 时，在试件西面也就是受拉侧中部出现一条长度大约为 35mm 的横向裂缝，随着荷载的加大，受拉侧不断出现一些新的裂缝，并且有相互之间贯通的趋势；当荷载达到 432kN 时，试件西面受拉侧纵筋的应变值为 2169$\mu\varepsilon$，钢筋已经屈服，试件东面受压侧纵筋的应变值为 1098$\mu\varepsilon$，钢筋还没有屈服，截面受拉区面积和拉应变增大，钢筋的拉应力突然增大，中和轴的位置向上移动，拉应变加大，受压区的面积减小，混凝土的压应力增大，试件西面即受拉侧的混凝土应变的发展大于试件东面即受压侧的发展；当荷载值达到 586kN 时，受拉侧纵筋中部应变值为 2983$\mu\varepsilon$，已经达到极限应变值；当荷载加到 765kN 时，试件东面即受压侧的纵向钢筋的平均应变值为 2456$\mu\varepsilon$，已经达到屈服状态，继续加大荷载，能够清楚地听到试件开裂的声音；荷载临近 768kN 时，试件西面即受拉侧的主裂缝变得明显，试件东面即受压区边缘的混凝土出现了竖向的裂缝，混凝土被压碎，导致试件最终破坏。

对于试件 ZS03，加载开始以后，当荷载达到 153kN 时，在试件受拉侧中部靠上部位出现了一条长度大约为 50mm 的横向裂缝，随着荷载的加大，裂缝逐渐变长变宽；当荷载达到 385kN 时，试件西面受拉侧纵筋的应变值为 1956με，钢筋已经达到屈服状态，此时试件东面受压侧纵筋的应变值为 968με，钢筋还没有屈服，截面的受拉区面积和拉应变增大，钢筋的拉应力增大，中和轴的位置向上移动，拉应变加大，受压区的面积减小，混凝土的压应力增大，试件西面即受拉侧的混凝土应变的发展大于试件东面即受压侧的发展；当荷载值达到 486kN 时，受拉侧纵筋中部应变值为 2983με，已经达到极限应变值，继续加大荷载，能够清楚地听到试件开裂的声音；荷载临近 598kN 时，试件受拉侧的主裂缝变得明显，试件受压区边缘的混凝土出现了竖向的裂缝，混凝土被压碎，导致试件最终破坏。

对于试件 QS03，加载初期，当荷载达到 186kN 时，在试件西面也就是受拉侧中部出现一条长度大约为 45mm 的横向裂缝，随着荷载的加大，试件受拉侧不断出现一些新的裂缝，并且有相互之间贯通的趋势；当荷载达到 413kN 时，试件西面受拉侧纵筋的应变值为 2016με，钢筋已经屈服，试件东面受压侧纵筋的应变值为 986με，钢筋还没有屈服，截面受拉区面积和拉应变增大，钢筋的拉应力突然增大，中和轴的位置向上移动，拉应变加大，受压区的面积减小，混凝土的压应力增大，试件西面即受拉侧的混凝土应变的发展大于试件东面即受压侧的发展；当荷载值达到 532kN 时，受拉侧纵筋中部应变值为 2322με，已经达到极限应变值；当荷载加到 615kN 时，试件东面即受压侧的纵向钢筋的平均应变值为 2225με，已经达到屈服状态，继续加大荷载，能够清楚地听到试件开裂的声音；荷载临近 659kN 时，试件西面即受拉侧的主裂缝变得明显，试件东面即受压区边缘的混凝土出现了竖向的裂缝，混凝土被压碎，导致试件最终破坏。

4.3 试验结果及分析

4.3.1 承载力分析

试验中试件的承载力如表 4.5 所示。

表 4.5 试件承载力

编号	再生骨料取代率（%）	偏心距（mm）	承载力试验值（kN）
PT01	0	0	2236
PT02	0	60	2134

续表

编号	再生骨料取代率（%）	偏心距（mm）	承载力试验值（kN）
PT03	0	150	768
ZS01	50	0	2045
ZS02	50	60	1985
ZS03	50	150	598
QS01	100	0	2184
QS02	100	60	2120
QS03	100	150	659

图 4.10、图 4.11 和图 4.12 分别表示普通混凝土柱、再生骨料混凝土柱和强化再生骨料混凝土柱承载力随偏心距变化的情况，横坐标代表偏心距，单位是 mm，纵坐标代表试件承载力，单位是 kN。

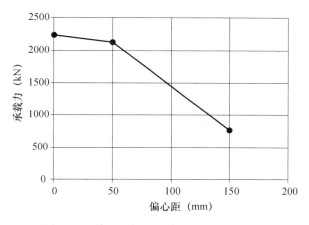

图 4.10　普通混凝土柱偏心距-承载力曲线

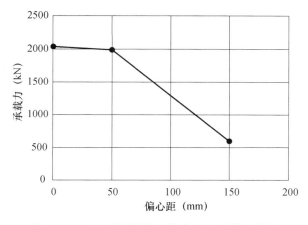

图 4.11　再生骨料混凝土柱偏心距-承载力曲线

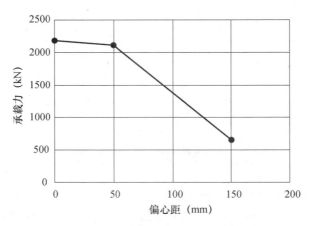

图 4.12 强化再生骨料混凝土柱偏心距-承载力曲线

由图中可知，普通混凝土柱、再生骨料混凝土柱和强化再生骨料混凝土柱的承载力随再生骨料取代率和偏心距大小的变化情况相似。随着再生骨料取代率的增加和偏心距的增大，试件承载能力不断下降，当再生骨料取代率相同时，随着偏心距的加大，试件承载能力降低。当偏心距相同时，随着再生骨料取代率的加大，试件承载能力降低；当偏心距比较小的时候，试件的极限承载力主要取决于混凝土材料，这时候钢筋起次要作用，随着偏心距的增大，当试件为大偏心受压破坏时，起到决定性作用的是受压钢筋的屈服强度，而混凝土受压区逐渐减小。当偏心距增大到一定值时，受压区的混凝土将会退出工作，混凝土将全截面受拉，此时试件的极限承载力将会由受拉钢筋的屈服强度决定，混凝土基本不发挥作用。

4.3.2　应力应变及平截面假定分析

1. 偏心距 $e_0 = 0$ 试件的分析

图 4.13 为普通混凝土柱荷载-应变曲线，横坐标为应变，单位是 $\mu\varepsilon$，纵坐标为荷载，单位是 kN。由图中可知，加载初期，轴心受压试件 TP01 的钢筋应变随着荷载增加而增加，呈线性变化，继续增加荷载，试件中的混凝土开始出现裂缝并发展迅速，表现出了明显的非线性关系，在加载后期，混凝土局部被压碎，纵筋的压应变值达到 $1100\mu\varepsilon$ 左右，没有屈服。

图 4.14 为再生骨料混凝土柱荷载-应变曲线，横坐标为应变，单位是 $\mu\varepsilon$，纵坐标为荷载，单位是 kN。由图中可知，加载初期，轴心受压试件 ZS01 的钢筋应变随荷载增加而增加，继续增加荷载，试件中的混凝土开始出现裂缝并发展迅速，表现出了明显的非线性关系，在加载后期，混凝土局部被压碎，纵筋的压应变值达到 $1500\mu\varepsilon$ 左右，没有屈服。

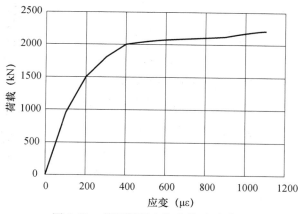

图 4.13　普通混凝土柱荷载-应变曲线

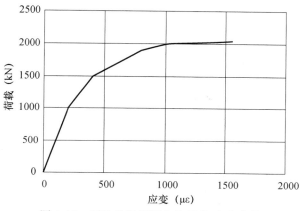

图 4.14　再生骨料混凝土柱荷载-应变曲线

图 4.15 为强化再生骨料混凝土柱荷载-应变曲线，横坐标为应变，单位是 $\mu\varepsilon$，纵坐标为荷载，单位是 kN。由图中可知，加载初期，轴心受压试件 QS01 的钢筋应变随荷载的增大而增大，表现出了明显的非线性关系，随后增加荷载，试件中的混凝土开

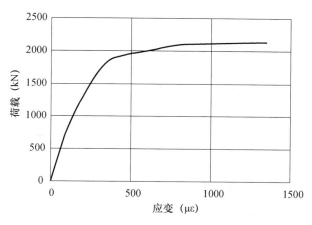

图 4.15　强化再生骨料混凝土柱荷载-应变曲线

始出现裂缝并且发展迅速，表现出明显的非线性，在试件快要破坏的时候，钢筋开始屈服，钢筋的压应变值达到并超过1300με。

对比这三条曲线可以发现，再生骨料混凝土柱中钢筋的变形速度大于强化再生骨料混凝土柱中钢筋的变形速度，强化再生骨料混凝土柱中钢筋的变形速度又大于普通混凝土柱中钢筋的变形速度，这主要是由于混凝土抗压强度降低造成的。

图4.16为普通混凝土柱轴心受压荷载-混凝土应变曲线，图4.17为再生骨料混凝土柱轴心受压荷载-混凝土应变曲线，图4.18为强化再生骨料混凝土柱轴心受压荷载-

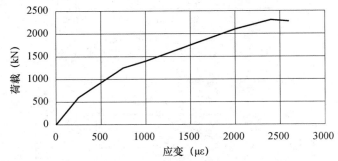

图4.16　普通混凝土柱轴心受压荷载-混凝土应变曲线

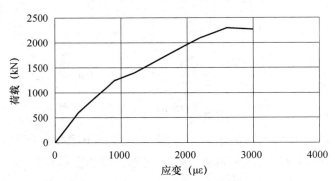

图4.17　再生骨料混凝土柱轴心受压荷载-混凝土应变曲线

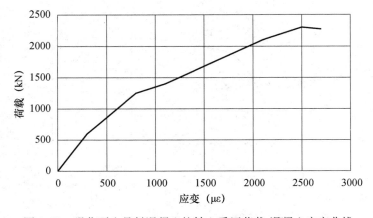

图4.18　强化再生骨料混凝土柱轴心受压荷载-混凝土应变曲线

混凝土应变曲线。试验中的数据来自数据采集仪，布置在试件中部的竖向的位移计用于测试混凝土的应变。通过分析比较可知，当荷载值相同时，再生骨料混凝土柱子的钢筋应变要比普通混凝土柱子和强化再生骨料混凝土柱子的大；混凝土应变方面，再生骨料混凝土柱子的也比普通混凝土柱子和强化再生骨料混凝土柱子的大，随着荷载的增加，这种趋势变得更加明显。

2. 偏心距 $e_0 = 60mm$ 试件的分析

图 4.19 为普通混凝土柱小偏心受压时的荷载钢筋-应变曲线，横坐标为应变，单位是 $\mu\varepsilon$，纵坐标为荷载，单位是 kN。图 4.20 为再生骨料混凝土柱小偏心受压时的荷载钢筋-应变曲线，横坐标为应变，单位是 $\mu\varepsilon$，纵坐标为荷载，单位是 kN。图 4.21 为强化再生骨料混凝土柱小偏心受压时的荷载钢筋-应变曲线，横坐标为应变，单位是 $\mu\varepsilon$，纵坐标为荷载，单位是 kN。

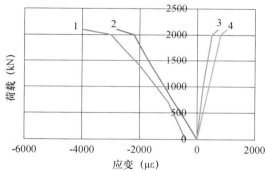

图 4.19　普通混凝土柱小偏心受压
荷载-钢筋应变曲线
1—受压钢筋 1；2—受压钢筋 2；
3—受拉钢筋 1；4—受拉钢筋 2

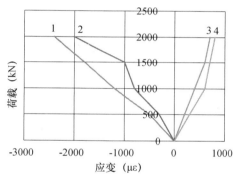

图 4.20　再生骨料混凝土柱小偏心受压
荷载-钢筋应变曲线
1—受压钢筋 1；2—受压钢筋 2；
3—受拉钢筋 1；4—受拉钢筋 2

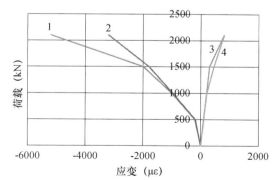

图 4.21　强化再生骨料混凝土柱小偏心受压荷载-钢筋应变曲线
1—受压钢筋 1；2—受压钢筋 2；3—受拉钢筋 1；4—受拉钢筋 2

将通过数据采集仪采集到的受压和受拉钢筋在不同荷载作用下对应的应变值，

绘制成荷载-纵向钢筋应变曲线，根据曲线研究普通混凝土柱、再生骨料混凝土柱和强化再生骨料混凝土柱中钢筋应力的变化规律。通过比较分析可知，当荷载相同时，再生骨料混凝土柱中钢筋的应变值要比普通混凝土柱和强化再生骨料混凝土柱的大，并且当荷载增大时，这种趋势变得更加明显。从整体来看，三种混凝土柱的荷载-纵筋应变曲线相似，在试件加载初期，荷载值比较小的时候，试件处于弹性阶段，此时的荷载-纵筋应变曲线基本呈直线形，随着荷载的加大，试件的混凝土开始出现裂缝并且慢慢增多，试件受压区变小，此时钢筋应变值的增量大于荷载值的增量。当快达到极限荷载时，荷载增加较少的情况下，受压钢筋的应变则急剧增加。

　　每个小偏心受压试件的西侧中部都安装了 1 号位移计，东侧都安装了 5 号位移计，1 号位移计可以测量混凝土的压应变，5 号位移计可以测量混凝土的拉应变，用数据采集仪记录 1 号和 5 号位移计的应变数据和对应的荷载值，由此可制得如下三个图：图 4.22 为普通混凝土柱小偏心受压荷载-混凝土应变曲线，横坐标为应变，单位是 $\mu\varepsilon$，纵坐标为荷载，单位是 kN；图 4.23 为再生骨料混凝土柱小偏心受压荷载-混凝土应变曲线，横坐标为应变，单位是 $\mu\varepsilon$，纵坐标为荷载，单位是 kN；图 4.24 为强化再生骨料混凝土柱小偏心受压荷载-混凝土应变曲线，横坐标为应变，单位是 $\mu\varepsilon$，纵坐标为荷载，单位是 kN。通过分析图像可知，强化再生骨料混凝土柱的荷载-混凝土应变曲线同普通混凝土柱、再生骨料混凝土柱的荷载-混凝土应变曲线相似，当荷载比较小的时候，试件处于弹性阶段，此时荷载和应变的关系曲线基本呈直线，接下来增加荷载，关系曲线由直线发展变化到曲线，此时荷载和应变不再呈现线性关系；加载后期，曲线增速放缓，混凝土应变的增加速度快于荷载增加的速度，这个时候，试件就快要破坏了。通过对比这三个图，可以发现在荷载大小相同时，再生骨料混凝土柱的混凝土应变较普通混凝土柱和强化再生骨料混凝土柱的应变稍微大一些，但是相差不大。

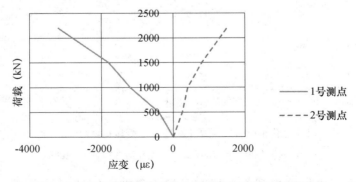

图 4.22　普通混凝土柱小偏心受压荷载-混凝土应变曲线

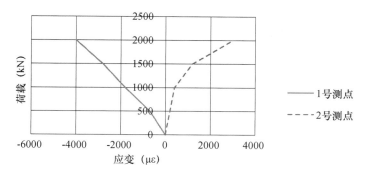

图 4.23　再生骨料混凝土柱小偏心受压荷载-混凝土应变曲线

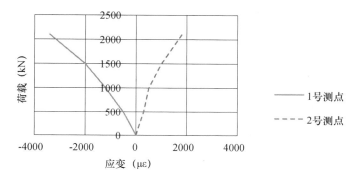

图 4.24　强化再生骨料混凝土柱小偏心受压荷载-混凝土应变曲线

数据采集仪可以测得布置于试件跨中的位移计的数值和对应的荷载值,由此制得图 4.25～图 4.27。根据图像可以看出,试验过程中,当荷载不断增加时,强化再生骨料混凝土柱与普通混凝土柱和再生骨料混凝土柱相似,试件跨中的截面的中性轴一步步地移向受压一侧,也就是说当荷载逐渐增加时,试件受压区高度在减小,根据这个现象可知,强化再生骨料混凝土柱与普通混凝土柱和再生骨料混凝土柱一样,跨中截面的应变分布都相似,都近似地符合平截面假定。

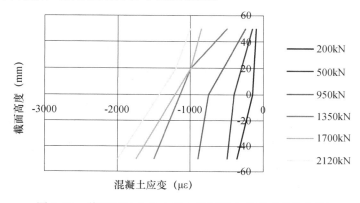

图 4.25　普通混凝土柱小偏心受压跨中截面应变分布图

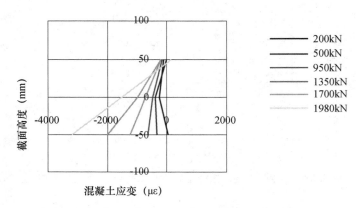

图4.26　再生骨料混凝土柱小偏心受压跨中截面应变分布图

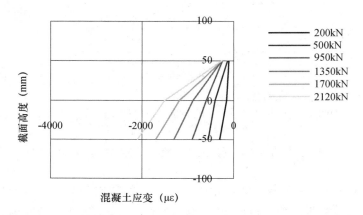

图4.27　强化再生骨料混凝土柱小偏心受压跨中截面应变分布图

3. 偏心距 $e_0 = 150mm$ 试件的分析

通过数据采集仪记录普通混凝土大偏心受压试件、再生骨料混凝土大偏心受压试件和强化再生骨料混凝土大偏心受压试件纵筋中部四个电阻应变片的应变值和对应的荷载值，由此制成荷载-纵筋应变图（图4.28～图4.30）。根据图像可知，强化再生骨料混凝土柱的荷载-纵筋应变曲线图与普通混凝土柱和再生骨料混凝土柱的大致相同，当荷载值相同的时候，再生骨料混凝土柱钢筋的应变值比另外两者的大，三个图中试件受拉钢筋都会经历三个阶段，即线弹性阶段、非线性增长阶段和近似水平阶段。刚开始荷载比较小，随着荷载的增加，钢筋应变随着荷载线性增长，即线弹性阶段；继续增加荷载，随后试件受拉区出现裂缝，并且充分发展，导致此时应变和荷载不再属于线性关系；加载后期，试件快要被破坏，荷载变化不大的情况下，钢筋应变值变化比较大，即形成荷载-纵筋应变图近似水平阶段。

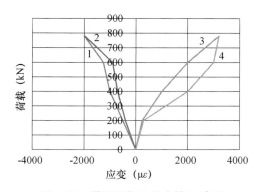

图 4.28　普通混凝土柱大偏心受压
荷载-纵筋应变曲线
1—受压钢筋 1；2—受压钢筋 2；
3—受拉钢筋 1；4—受拉钢筋 2

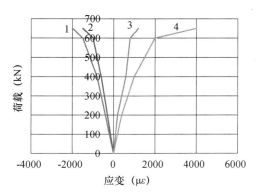

图 4.29　再生骨料混凝土柱大偏心受压
荷载-纵筋应变曲线
1—受压钢筋 1；2—受压钢筋 2；
3—受拉钢筋 1；4—受拉钢筋 2

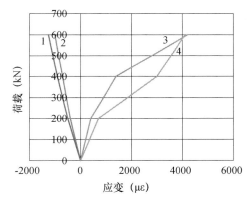

图 4.30　强化再生骨料混凝土柱大偏心受压荷载-纵筋应变曲线
1—受压钢筋 1；2—受压钢筋 2；3—受拉钢筋 1；4—受拉钢筋 2

　　每个大偏心受压试件的西侧中部都安装了 1 号位移计，东侧都安装了 5 号位移计，
1 号位移计可以测量混凝土的压应变，5 号位移计可以测量混凝土的拉应变，用数据采
集仪记录 1 号和 5 号位移计的应变数据和对应的荷载值，由此可制得如下三个图：
图 4.31 为普通混凝土柱大偏心受压荷载-混凝土应变曲线，横坐标为应变，单位是 $\mu\varepsilon$，
纵坐标为荷载，单位是 kN；图 4.32 为再生骨料混凝土柱大偏心受压荷载-混凝土应变
曲线，横坐标为应变，单位是 $\mu\varepsilon$，纵坐标为荷载，单位是 kN；图 4.33 为强化再生骨
料混凝土柱大偏心受压荷载-混凝土应变曲线，横坐标为应变，单位是 $\mu\varepsilon$，纵坐标为荷
载，单位是 kN。通过分析图像可知，强化再生骨料混凝土柱的荷载-混凝土应变曲线同
普通混凝土柱、再生骨料混凝土柱的荷载-混凝土应变曲线相似，当荷载比较小的时候，
试件处于弹性阶段，此时荷载和应变的关系曲线基本呈直线，接下来增加荷载，关系
曲线由直线发展变化到曲线，此时荷载和应变不再呈现线性关系，加载后期，曲线增

速放缓，混凝土应变的增加速度快于荷载增加的速度，这个时候，试件就快要破坏了。通过对比这三个图，可以发现在荷载大小相同时，再生骨料混凝土柱的混凝土应变较普通混凝土柱和强化再生骨料混凝土柱的应变稍微大一些，但是相差不大。

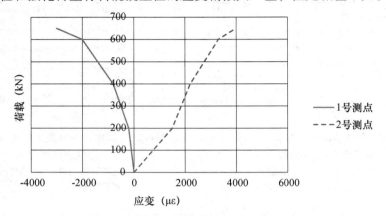

图 4.31　普通混凝土柱大偏心受压荷载-混凝土应变曲线

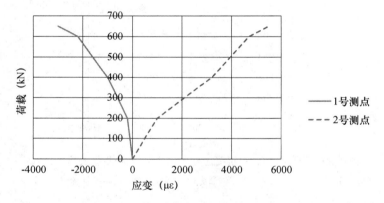

图 4.32　再生骨料混凝土柱大偏心受压荷载-混凝土应变曲线

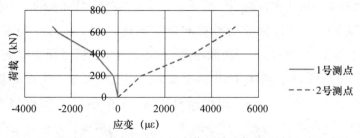

图 4.33　强化再生骨料混凝土柱大偏心受压荷载-混凝土应变曲线

数据采集仪可以测得布置于试件跨中的位移计的数值和对应的荷载值，由此制得图 4.34 ~ 图 4.36。从图中可以看出，试验过程中，当荷载不断增加时，强化再生骨料混凝土柱与普通混凝土柱和再生骨料混凝土柱相似，试件跨中截面的中性轴一步步地移向受压一侧，也就是说当荷载逐渐增加时，试件受压区高度在减小。根据这个现象可知，强化再生骨料混凝土柱与普通混凝土柱和再生骨料混凝土柱一样，跨中截面的应变分布都相似，都近似地符合平截面假定。

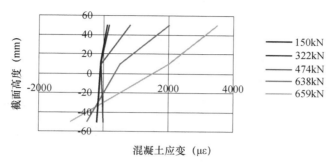

图 4.34　普通混凝土柱大偏心受压跨中截面应变分布图

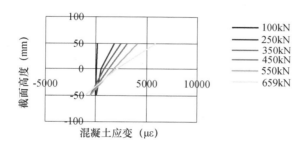

图 4.35　再生骨料混凝土柱大偏心受压跨中截面应变分布图

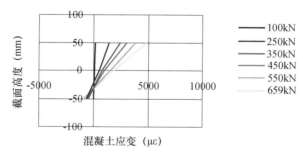

图 4.36　强化再生骨料混凝土柱大偏心受压跨中截面应变分布图

4.4　小结

本次试验通过对 3 根普通混凝土柱、3 根再生骨料混凝土柱、3 根强化再生骨料混凝土柱进行轴心及小偏心和大偏心受压性能试验，对强化再生骨料混凝土柱在试验过程中的变形及受力性能进行了研究，并与普通混凝土柱和再生骨料混凝土柱进行对比。通过处理分析数据，可以得到以下结论：

（1）强化再生骨料混凝土柱在加载过程中具有与普通混凝土柱和再生骨料混凝土柱相同的轴压破坏、小偏压破坏和大偏压破坏形态，强化再生骨料混凝土柱与普通混凝土柱和再生骨料混凝土柱的破坏机理相同，破坏过程也比较相似，对于轴压试件和小偏压试件，裂缝开展的过程比较短，破坏比较突然，而对于大偏压试件，裂缝开展得比较充分，挠度比较大，属于延性破坏。

（2）试验发现，通过统计分析强化再生骨料混凝土柱在各个受力阶段截面上的混凝土应变变化情况，可以得知它的混凝土应变沿着截面高度基本符合平截面假定。

（3）通过分析试验数据可知，再生骨料经过强化以后，制得的强化再生骨料混凝土柱子的承载能力比再生骨料混凝土柱子的承载力提高了很多，性能接近于普通混凝土柱子。这就为再生骨料试件的制作积累了一定经验，有助于更好地实现建筑垃圾的回收利用。

第5章　强化再生骨料混凝土柱的抗震性能研究

钢筋混凝土框架柱作为框架结构的竖向主要承重构件，低周反复试验是研究框架柱抗震性能的基本方法，通过试验可以较真实地模拟实际地震的破坏情况，进而分析强化再生粗骨料框架柱与普通混凝土框架柱抗震性能的差异，判断构件能否运用到工程实际当中。

5.1　试验设计

正常情况下，框架柱在框架结构中承受竖向荷载，但在发生地震时，框架柱在承受竖向荷载的同时也承受水平荷载的作用，其中水平荷载的破坏程度更大。

图5.1（a）为地震作用下框架结构的弯矩示意图，为简化设计，假设所有梁刚度无穷大，框架柱反弯点位置在中点；图5.1（b）为中间层内部某框架柱受力示意图，其中 A 点为不能有竖向位移且不能转动的约束，B 点为固定支座。本试验低周反复试验是按照图5.1（b）受力情况模拟实际进行加载。

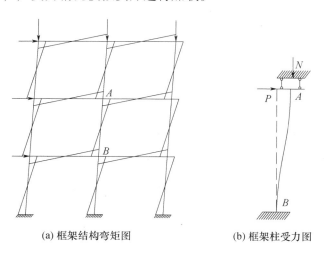

(a) 框架结构弯矩图　　　　　(b) 框架柱受力图

图5.1　试验原理示意图

5.1.1　试件参数

目前针对钢筋混凝土框架柱抗震性能的研究已经比较广泛[1-7]，影响其抗震性能的主要因素有：截面尺寸、纵向配筋率、粗骨料取代率、轴压比、剪跨比、体积配箍率等。为了更好地对比粗骨料强化的再生骨料混凝土框架柱与普通混凝土框架柱抗震性能的差异，本书主要研究轴压比和体积配箍率对其抗震性能的影响。轴压比和体积配箍率对框架柱的延性、耗能能力以及破坏形态都有影响，进而可以对轴压比限值的确定以及破坏形态的判别提供依据。按照单一控制变量原则，试件详细参数见表 5.1。

表 5.1　各试件尺寸、参数

试件名称	计算柱高 H_0	实际柱高 H	剪跨比 λ	轴压比 n	箍筋间距 S（mm）	箍筋直径 d_0（mm）	体积配箍率 ρ_{sv}（%）
NCA-0.10-1.99	900	1060	4.19	0.10	75	10	1.99
ERCA-0.10-1.99	900	1060	4.19	0.10	75	10	1.99
NCA-0.25-1.99	900	1060	4.19	0.25	75	10	1.99
ERCA-0.25-1.28	900	1060	4.19	0.25	75	8	1.28
ERCA-0.25-1.66	900	1060	4.19	0.25	90	10	1.66
ERCA-0.25-1.99	900	1060	4.19	0.25	75	10	1.99
NCA-0.40-1.99	900	1060	4.19	0.40	75	10	1.99
ERCA-0.40-1.99	900	1060	4.19	0.40	75	10	1.99

5.1.2　试件尺寸

参阅有关钢筋混凝土框架柱低周反复试验的研究[8-10]，结合河南城建学院结构工程实验室具体加载条件，最终设计了框架柱试件具体尺寸及配筋情况，如图 5.2 所示，其中框架柱箍筋配筋情况根据不同试件编号确定。

5.1.3　试件浇筑与养护

各个试件具体配合比设计同样根据再生粗骨料 10min 吸水率确定附加水的方法确定，具体配合比见表 5.2。

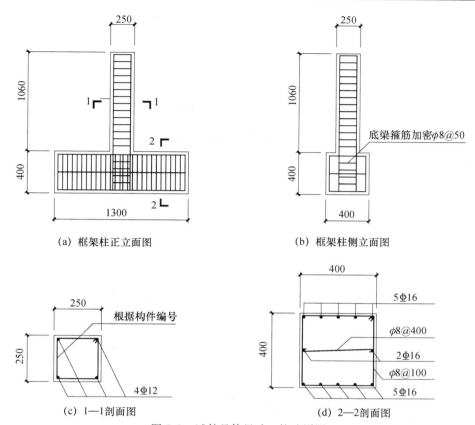

图 5.2　试件具体尺寸、构造详图

表 5.2　各试件配合比

试件编号	水胶比	水泥（kg）	水（kg）		砂子（kg）	粗骨料（kg）	
			自由水	附加水		NCA	ERCA
NCA-0.10-1.99	0.48	398	192	—	635	1180	—
ERCA-0.10-1.99	0.48	398	192	19	635	—	1180
NCA-0.25-1.99	0.48	398	192	—	635	1180	—
ERCA-0.25-1.28	0.48	398	192	19	635	—	1180
ERCA-0.25-1.66	0.48	398	192	19	635	—	1180
ERCA-0.25-1.99	0.48	398	192	19	635	—	1180
NCA-0.40-1.99	0.48	398	192	—	635	1180	—
ERCA-0.40-1.99	0.48	398	192	19	635	—	1180

　　试件现场支模、养护等见图 5.3 和图 5.4，浇筑过程中混凝土振捣时要注意所贴钢筋应变片，既要保证混凝土振捣可以达到标准，也要保证应变片和外伸线不被破坏。试件养护至标准龄期后拆模并清除混凝土表面杂物。为了保证在试验加载时更清楚地观测裂缝开展情况以及柱身破坏形态，在柱身涂上一层腻子粉涂料，见图 5.5。

图 5.3　试件现场支模

图 5.4　试件浇筑后养护

图 5.5　试件浇筑成型及表面处理

5.2　加载方案

此次拟静力试验在河南城建学院结构工程实验室进行。

5.2.1　加载装置

加载装置的选择要根据柱子的破坏形态确定，框架柱破坏形态有剪切破坏、弯剪破坏和弯曲破坏，破坏机理又分正截面受弯破坏和斜截面受剪破坏。通常短柱（剪跨比 $\lambda < 4$）会发生剪切斜压破坏，长柱（剪跨比 $\lambda \geqslant 4$）会发生弯曲破坏，但具体破坏形态又都受柱子各个设计参数的影响。

目前对于柱低周反复荷载试验装置，常见的有"建研式"和"悬臂柱式"，"悬臂柱式"实质为"建研式"的简化试验，取实际工程中柱反弯点以下作为试验构件。同样条件下，试件缩小了一半，在很大程度上节省了试验材料，试验装置也相对简单，因此本次试验采用"悬臂柱式"加载试验。试验加载装置如图 5.6 所示，受力示意图如图 5.7 所示，其中 N 为竖向轴压力，V 为水平荷载，M 为柱根部承受的弯矩。试验加载装置现场如图 5.8 所示。

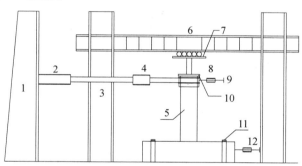

图 5.6　加载装置

1—反力墙；2—作动器；3—门架；4—传感器；5—试件；6—反力梁；7—加载小车；
8—千斤顶；9—位移计；10—垫板；11—锚杆；12—位移计

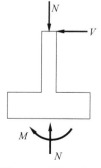

图 5.7　受力示意图

图 5.8　试验加载装置现场

5.2.2　竖向荷载

　　框架柱在结构中会受到竖向荷载作用，为模拟实际，根据对应构件立方体抗压强度平均值确定轴心抗压强度平均值，由各构件试验轴压比，确定竖向轴力 N，最终通过千斤顶施加竖向荷载。其具体竖向荷载见表 5.3。

表 5.3　框架柱轴力确定

试件编号	f'_{cu}（N/mm²）	f'_c（N/mm²）	试验轴压比 n	设计轴压比 $n'=1.2 \cdot 1.4 \cdot n$	轴力 N（kN）
NCA-0.10-1.99	36.2	27.5	0.10	0.17	172
ERCA-0.10-1.99	43.6	33.1	0.10	0.17	182
NCA-0.25-1.99	36.2	27.5	0.25	0.42	430
ERCA-0.25-1.28	43.6	33.1	0.25	0.42	455
ERCA-0.25-1.66	43.6	33.1	0.25	0.42	455
ERCA-0.25-1.99	43.6	33.1	0.25	0.42	455
NCA-0.40-1.99	36.2	27.5	0.40	0.68	605
ERCA-0.40-1.99	43.6	33.1	0.40	0.68	728

　　对应计算公式如下：

$$f'_c = 0.76 f'_{cu} \tag{5.1}$$

$$N = 0.88 \cdot n \cdot f'_c \cdot A \tag{5.2}$$

式中　f'_{cu}——立方体抗压强度平均值；

　　　　f'_c——轴心抗压强度平均值；

　　0.88——试件与试块的强度差异系数；

　　　A——框架柱截面面积；

　　　n——试验轴压比；

　　　N——轴力。

5.2.3　水平荷载

构件低周反复荷载试验中，水平荷载加载方式主要有：力控制加载、位移控制加载和力-位移混合控制加载。本试验采用荷载与位移混合控制低周反复加载，这种方法不仅可以更加准确测得试件在反复荷载作用下的滞回曲线、承载力以及裂缝等信息，也可以保证试验的安全性。水平荷载施加可参考我国行业标准《建筑抗震试验规程》（JGJ/T 101—2015）[11]，分为预加载和正式加载两步。进行预加载时，预加反复荷载二次，每次取按普通混凝土压弯构件计算得到的开裂荷载的 20%，发现潜在问题，以确保正式加载安全、可靠和有效。进行正式加载时，试件纵向钢筋屈服前，采用荷载控制加载，循环一次；屈服后，采用位移控制加载，循环三次，最终加载至试件破坏为止（$F = 0.85F_{max}$）。荷载与位移混合控制加载示意图如图 5.9 所示。

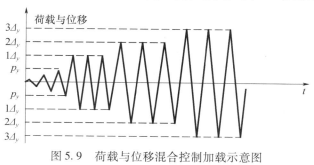

图 5.9　荷载与位移混合控制加载示意图

5.3　测量方案

本次试验测量在反复荷载作用下框架柱内部钢筋的应变情况和框架柱产生的位移，了解荷载与位移的关系及变化规律，有助于深入探寻粗骨料强化的再生混凝土框架柱抗震性能。

5.3.1　测试内容

（1）测试构件承受的荷载值，包括柱顶水平荷载和竖向荷载。

（2）测试构件内部纵筋与箍筋应变。

（3）构件裂缝发展情况及分布。

（4）测试构件在各水平荷载下对应的柱顶位移，绘制滞回曲线。

5.3.2　测点布置

为了在加载时可以实时测量钢筋受力情况，在试件浇筑前将应变片粘贴完毕，依次裹上 703 胶水与环氧胶水，以免浇筑过程中应变片发生脱落等破坏。纵筋应变片：A1 ~ A4、B1 ~ B4、C1 ~ C4，距离底梁纵筋 100mm 为 A1 ~ A4，距离底梁纵筋 200mm 为 B1 ~ B4，距离底梁纵筋 300mm 为 C1 ~ C4。箍筋应变片：底梁纵筋上部第一层箍筋为 D1、D2，第二层箍筋为 E1、E2，第三层箍筋为 F1、F2，都位于箍筋中心处。位移计的布置：分别在底梁高度中心和柱顶水平力作用中心布置两个位移计。位移计与应变片具体位置如图 5.10 所示。

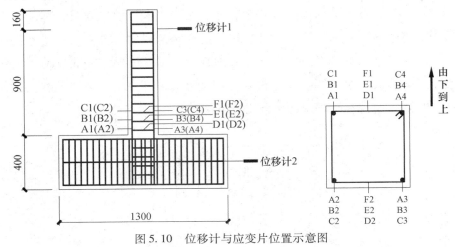

图 5.10   位移计与应变片位置示意图

5.3.3   数据采集

在试验加载过程中，柱身裂缝走向由人工绘制，轴向和水平向荷载由 MTS 加载控制电脑实时读取。位移计、应变片均通过数据采集仪采集并记录，通过 MTS 电液伺服系统记录仪采集并绘制各试件柱顶水平荷载与水平位移的滞回曲线，如图 5.11、图 5.12 所示。

图 5.11   数据采集装置

图 5.12　数据录取装置

5.4　试验现象

本书对比汇总 8 个混凝土柱试验现象并记录，其中包括：裂缝分布规律、试件破坏过程和构件破坏形态。为了便于详细描述试验现象，各试件的加载方位如图 5.13 所示，其中箭头表示水平荷载的行进方向，并且规定作动器以推为正，以拉为负，并结合图 5.8 现场加载照片，方便还原现场加载情况。

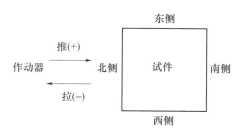

图 5.13　试验加载示意图

试验过程中，为了方便记录裂缝的开展及破坏情况，在试验加载前将试件表面用墨盒弹线的方法绘制出 50mm × 50mm 的格子，用坐标（X/Y）的方法对格子编号，其中"X"表示水平向第 X 个方格数值从 1 到 5（柱子宽度 250mm，50mm 为一格，左侧为起始格 1），"Y"表示竖直向第 Y 个方格，顺序从下到上，最下部为起始格。加载时用 $N\Delta y \pm n$ 表示当前荷载，其中 Δy 为屈服荷载对应的位移，N 表示倍数，"＋"或"－"表示水平荷载的作用方向，"n"表示当前循环次数。

5.4.1 裂缝分布规律

ERCA 框架柱在加载过程中开裂相对 NCA 框架柱较早，并且 ERCA 框架柱在水平力非常小时产生内部闭合裂缝，这些裂缝可能是由于再生粗骨料形状不规则、棱角尖锐，从而在承受较小荷载时造成局部应力集中引起的，这些裂缝从产生至破坏并没有太多延伸与发展，因此对框架柱的破坏形态并无明显影响，对比分析各试件裂缝开展情况时，主要对比由于荷载引起的贯通裂缝。图 5.14 对各个框架柱裂缝开展情况进行汇总，方便对比分析。通过分析对比图 5.14 中各框架柱裂缝开展的情况，研究各参数对框架柱裂缝开展的影响。

1. ERCA 框架柱与 NCA 框架柱对比

对比图 5.14 中（a）与（f），当轴压比为 0.10 时，两种混凝土框架柱裂缝开展情况的差异并不明显，两种混凝土裂缝主要开展为水平裂缝，ERCA 框架柱水平裂缝在高度为 200～250mm 范围内还有延伸，水平裂缝分布高度略高；NCA 框架柱水平裂缝靠近柱根部，竖向裂缝向上延伸略高于 ERCA 框架柱竖向裂缝。

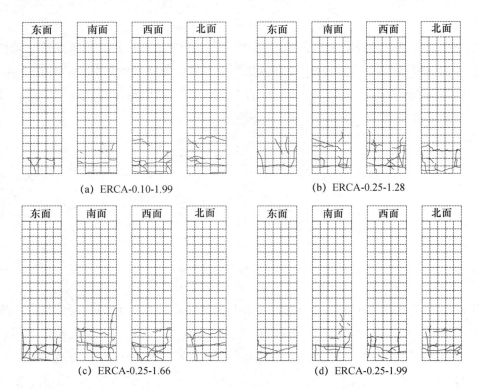

(a) ERCA-0.10-1.99   (b) ERCA-0.25-1.28

(c) ERCA-0.25-1.66   (d) ERCA-0.25-1.99

图 5.14　各试件裂缝开展情况

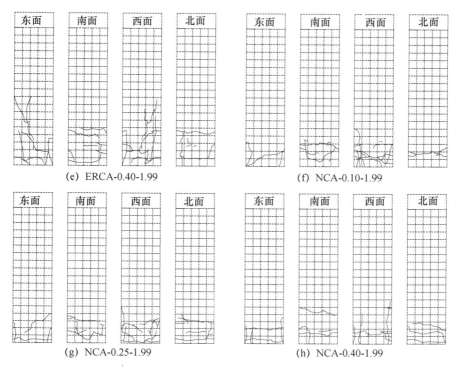

(e) ERCA-0.40-1.99　　　　　　(f) NCA-0.10-1.99

(g) NCA-0.25-1.99　　　　　　(h) NCA-0.40-1.99

图 5.14　各试件裂缝开展情况（续）

对比图 5.14 中（d）与（g），当轴压比为 0.25 时，可以看出 ERCA 在塑性铰区以外部分有短而闭合的裂缝，主要原因是 ERCA 骨料的特殊性质引起的，与水平荷载的施加关系不大。ERCA 框架柱裂缝主要为水平裂缝和竖向裂缝，分布高度较小；NCA 框架柱裂缝多而密集，在裂缝延伸至中轴线附近时，多数开始发展为斜向裂缝，竖向裂缝向上延伸高度较大。

对比图 5.14 中（e）与（h），当轴压比为 0.40 时，两种混凝土裂缝分布差别较大，ERCA 框架柱的竖向裂缝向上延伸高度较大，甚至高达 400mm 以上，而 NCA 框架柱竖向裂缝基本没有超出塑性铰区。这种现象产生的原因可能是 ERCA 再生粗骨料之间摩擦力较大，在混凝土压碎脱落过程中，下部脱落连带上部开裂造成的。两种混凝土水平裂缝分布基本都在塑性铰区，但整体上对比发现，ERCA 框架柱水平裂缝较为分散，而 NCA 框架柱水平裂缝较集中，离柱根较近。总体上看，两种混凝土在轴压比较小时，裂缝开展差异较小；在轴压比较高时，ERCA 框架柱裂缝明显多于 NCA 框架柱的，并且裂缝分布范围也远大于 NCA 框架柱裂缝。

2. 轴压比对框架柱裂缝开展的影响

对比图 5.14 中（a）、（d）、（e）可以发现，轴压比对 ERCA 框架柱裂缝开展情况的影响比较明显。在轴压比为 0.10 和 0.25 时，ERCA 框架柱裂缝基本分布在距柱根

250mm 范围内，距离柱根 200～250mm 的水平裂缝在侧向位移增大过程中并没有明显延伸，水平裂缝在延伸至中心轴后走向有所倾斜；在轴压比为 0.40 时，ERCA 框架柱竖向裂缝向上延伸明显，已经远超出塑性铰区，最高延伸至距柱根 435mm 左右，离柱根最近的水平裂缝在延伸至中心轴以后，逐渐发展为斜向裂缝，并且与水平面的夹角约为 60°，距离柱根 200～250mm 的水平裂缝在侧向位移增大过程中延伸明显，多数在破坏前发展为贯通裂缝。

对比图 5.14 中（f）、（g）、（h），轴压比对 NCA 框架柱裂缝开展情况的影响较小，裂缝形态与数目并无太大差异。在轴压比为 0.10 和 0.25 时，NCA 框架柱裂缝基本分布在距柱根 250mm 范围内，距离柱根 200～250mm 的水平裂缝在侧向位移增大过程中并没有明显延伸，水平裂缝在延伸至中心轴后走向有所倾斜；在轴压比为 0.40 时，NCA 框架柱竖向裂缝向上延伸 50mm，超出塑性铰区高度较小，远小于相同轴压比时 ERCA 框架柱竖向裂缝的延伸高度，离柱根最近的水平裂缝在延伸至中心轴以后，走向改变不明显，基本保持原来的倾角，但是水平裂缝一旦产生，多数都会发展为贯通裂缝。

总而言之，轴压比对 NCA 框架柱裂缝开展的影响较小，随着轴压比的增大，竖向裂缝略微有所增加；轴压比对 ERCA 框架柱裂缝开展的影响较明显，随着轴压比的增大，竖向裂缝延伸高度增大较快，水平裂缝倾斜角度增加，在高轴压比情况下，竖向裂缝已经远超过了塑性铰区，故 ERCA 不适用于水工建筑物中。

3. 体积配箍率对框架柱裂缝开展的影响

对比图 5.14 中（b）、（c）、（d）可以发现，体积配箍率对 ERCA 框架柱裂缝开展的影响较明显。当体积配箍率为 1.28% 时，ERCA 框架柱裂缝数目最多，竖向裂缝延伸至 300mm，水平裂缝在延伸至中轴线以后发展为斜向裂缝，与水平面夹角约为 45°，距柱根 150～250mm 范围内水平裂缝依旧较多，并且多为贯通裂缝；当体积配箍率为 1.66% 时，混凝土受压区竖向裂缝延伸高度至 350mm，但仅有一条，其余裂缝依旧分布在塑性铰区范围，水平裂缝分布在距柱根部 200mm 以下，个别水平裂缝没有发展为贯通裂缝；当体积配箍率为 1.99% 时，ERCA 框架柱裂缝数目明显减少，水平裂缝多数集中在距柱根 100mm 以下，虽然距柱根 150～200mm 范围内依旧存在，但数目较少，并且其中大多数没有发展为贯通裂缝，水平贯通裂缝都位于距柱根 100mm 以下范围，如果不包括内部短而闭合裂缝，混凝土受压区竖向裂缝向上延伸范围较小，最高延伸至 200mm。

总体上看，ERCA 框架柱裂缝开展的情况受体积配箍率的影响较明显。体积配箍率在 1.28% 和 1.66% 时，裂缝最多，水平裂缝分布范围较大，主要集中在距柱根 250mm 范围内，水平贯通裂缝所占裂缝比例较大，竖向裂缝向上延伸高度较大，最高延伸至 350mm；体积配箍率在 1.99% 时，水平裂缝与竖向裂缝数目明显减少，水平裂缝分布范围主要集中在 0 ~ 100mm 内，竖向裂缝最高延伸至 200mm。说明 ERCA 框架柱开裂的严重程度受体积配箍率的影响比较明显，增大体积配箍率可以使开裂范围大大减少，使裂缝延伸距离也大大缩短。

5.4.2　试件破坏过程

从各试件的最终破坏形态可知，硅粉强化的再生混凝土柱与普通混凝土框架柱的破坏形态大致可分为两种，分别为弯剪破坏和弯曲破坏。其中硅粉强化的再生混凝土柱 5 个试件中有 2 个试件发生弯剪破坏，其余 3 个试件发生弯曲破坏；普通混凝土框架柱都为弯曲破坏。各试件的最终破坏形态如图 5.15 所示。下面就每种破坏形态进行详细描述和分析。

(a) ERCA-0.10-1.99西面

(b) ERCA-0.10-1.99东面

(c) ERCA-0.25-1.28西面

(d) ERCA-0.25-1.28东面

图 5.15　各试件破坏形态

(e) ERCA-0.25-1.66西面　　　　　　　　(f) ERCA-0.25-1.66东面

(g) ERCA-0.25-1.99西面　　　　　　　　(h) ERCA-0.25-1.99东面

(i) ERCA-0.40-1.99西面　　　　　　　　(j) ERCA-0.40-1.99东面

图 5.15　各试件破坏形态（续）

(k) NCA-0.10-1.99西面　　　　　　(l) NCA-0.10-1.99东面

(m) NCA-0.25-1.99西面　　　　　　(n) NCA-0.25-1.99东面

(o) NCA-0.40-1.99西面　　　　　　(p) NCA-0.40-1.99东面

图 5.15　各试件破坏形态（续）

1. 弯剪破坏

框架柱 ERCA-0.25-1.28 与 ERCA-0.40-1.99 发生弯剪破坏。在产生裂缝之前，框架柱残余变形基本为零，说明框架柱处于弹性阶段；随着水平荷载的逐渐增大，柱顶侧向位移也随之增大，在框架柱的根部首先出现微小水平裂缝，当水平裂缝延伸刚刚超过纵筋时，由于纵筋对裂缝的约束作用逐渐变小，使水平裂缝与水平面的夹角开始增大，与此同时少量微小竖向裂缝出现在 ERCA 框架柱根部 50mm 范围内；随着水平荷载的继续增大，纵筋全部进入屈服阶段，加载方式转变为位移控制加载，原有水平裂缝在发生倾斜后逐渐发展为主斜裂缝，裂缝向中轴线快速延伸，水平裂缝产生位置增高，在荷载反复作用下柱根处的水平裂缝相向延伸并贯通；随着位移加载数级的增大，加上荷载循环次数的增多，水平弯曲裂缝的发展和延伸速度继续增大，并明显快于斜裂缝，ERCA 框架柱根处水平弯曲裂缝继续延伸发展且数量继续增多，并逐渐相互贯通，裂缝宽度也相应变大，此时试件内部发出轻微的劈裂声，框架柱受压区保护层的混凝土由于达到其极限抗压强度而开始大块掉落，之后框架柱水平承载力开始下降；当加载位移数级增加至一定值时，柱顶水平承载力下降加快，框架柱靠近根部位置的保护层大面积脱落，由于纵筋压屈外鼓，造成箍筋及纵筋裸露，当水平承载力下降至 $0.85P_{max}$ 以下时，框架柱最终宣告破坏。由此可见，尽管框架柱在试验过程中伴随剪切开裂，但最终 ERCA 框架柱依旧发生弯曲破坏，破坏形态见图 5.15（c）、（d）、（i）、（j）。

2. 弯曲破坏

硅粉强化的再生混凝土框架柱 ERCA-0.10-1.99、ERCA-0.25-1.66、ERCA-0.25-1.99 与 3 个普通混凝土框架柱都发生典型的弯曲破坏。在框架柱产生裂缝之前，残余变形也基本为零，试件处于弹性阶段。当水平荷载 P 达到最大水平荷载 P_{max} 的 10% 左右时（NCA 框架柱开裂荷载稍大），框架柱根部两对称侧面首先出现细微水平裂缝；随着水平荷载的加大，柱顶侧向位移也随之增大，NCA 框架柱和 ERCA 框架柱水平裂缝数量开始逐渐增多，并且水平裂缝产生位置增高，原有水平裂缝向中轴线附近延伸；当水平荷载 P 达到最大荷载 P_{max} 的 40% 左右时，部分水平裂缝继续延伸，当水平裂缝延伸过纵筋与箍筋时，少数水平裂缝在延伸至距边缘约 75mm 时逐渐转为斜向延伸，但其延伸速度非常缓慢，与此同时框架柱根部两侧混凝土处出现少量微小竖向裂缝；随着水平荷载的继续增加，水平弯曲裂缝数量增多不明显，但框架柱根处水平裂缝向中轴线迅速延伸并贯通，此时贯通的水平裂缝宽度达到 0.4~0.6mm，距柱根稍远的水平裂缝延伸依旧较慢；在纵筋开始屈服以后，当框架柱进入屈服阶段时，柱根塑性铰逐渐形成，试件加载改为位移控制；当水平荷载 P 达到最大荷载 P_{max} 的 75% 左右时，由于框架柱中轴线附近混凝土无明显脱落，试件屈服后的承载力仍可以继续增加；随着位移加载数级的增大，框架柱靠近根部位置的水平裂缝多而密集，每条裂缝走向基本平行，之后便不断延伸且逐渐相互贯通，水平弯曲裂缝宽度在其相互贯通后不断增大，混凝土内部发出轻微的劈裂声，同时 ERCA 框架柱混凝土保护层由于不断受压而开始碎裂脱落，框架柱水平承载力开始下降，但由于框架柱内部箍筋与纵筋的协同作用，限制了框架柱水平承载力的快速下降；当水平位移增加至一定数值时，框架柱内纵筋部分达到极限荷载，此时试件柱根处保护层再生混凝土开始大面积脱落，由于纵筋压屈外鼓使箍筋及纵筋裸露；之后随着侧向位移继续增大，框架柱水平承载力迅速下降，最终宣告破坏。各框架柱弯曲破坏形态见图 5.15 （a）、（b），图 5.15 （e）～（h），图 5.15 （k）～（p）。

两种框架柱弯曲破坏主要是由混凝土在荷载作用下达到其极限抗压强度而被压碎脱落，造成受压区面积减小，从而使得纵筋承受更大的压应力，最终压屈外鼓。但是在混凝土压碎脱落的过程中，ERCA 混凝土脱落较缓慢，即使已经产生贯通裂缝，ER-CA 混凝土中的骨料依旧在裂缝中停留一段时间，这可能是由于 ERCA 混凝土内再生粗骨料外形不规整特性的影响。整体来说，ERCA 框架柱在发生弯曲破坏时，破坏过程较为缓慢，纵筋与箍筋裸露不明显，延性和抗震性能较好。

5.4.3　试件破坏形态

试件东侧柱根处为应变片数据线的出线位置，考虑到出线的不规律以及对混凝土造成的损伤形成应力集中，在研究参数对混凝土破坏形态的影响时，不作为主要对比资料。

通过观察图 5.15 （a）、（g）、（i），可以发现：轴压比对 ERCA 框架柱破坏形态的影响比较明显，ERCA 框架柱在轴压比为 0.40 时破坏最为严重，混凝土压碎高度最大，竖向裂缝宽度最大，向上延伸范围最广；ERCA 在轴压比为 0.10 和 0.25 时破坏程度基本一致，混凝土压碎高度相差不大，但是轴压比为 0.25 时试件中混凝土脱落程度最小，说明 ERCA 框架柱在轴压比适中时可以更好发挥其抗震性能。通过观察图 5.15 （k）、（m）、（o），可以发现：轴压比对 NCA 破坏形态的影响并不显著，在轴压比为 0.40 时，混凝土破坏高度最大，NCA 在轴压比为 0.10 和 0.25 时破坏情况区别不明显，说明 NCA 框架柱在轴压比较大时，破坏相对严重。

通过观察对比图 5.15 （c）、（e）、（g），可以发现：体积配箍率对 ERCA 构件破坏形态的影响明显，ERCA 框架柱的体积配箍率为 1.99% 时，混凝土破坏最不严重，脱落程度较轻；体积配箍率为 1.66% 时，混凝土破坏较严重，随着一部分混凝土压碎，构件退出工作，竖向裂缝延伸至高度为 45mm 左右；体积配箍率为 1.28% 时，混凝土破坏最严重，混凝土压碎脱落程度最大，纵筋与箍筋外露明显，可以看到构件退出工作时纵筋压屈明显。

综合对比两种混凝土破坏形态：当轴压比为 0.10 和 0.40 时，ERCA 构件混凝土脱落明显，竖向裂缝上升高度较大，说明 ERCA 构件破坏程度均比 NCA 构件严重；当轴压比为 0.25 时，NCA 构件混凝土脱落明显，竖向裂缝上升高度较大，说明 NCA 构件破坏程度比 ERCA 构件严重。

总的来说，体积配箍率对 ERCA 框架柱破坏形态的影响明显，适当增大体积配箍率可以减少混凝土脱落；ERCA 在轴压比适中时破坏不严重，可以发挥较好的抗震性能，合理选择轴压比可以改善 ERCA 构件的抗震性能；ERCA 框架柱在轴压比较大时破坏过于严重，不建议使 ERCA 框架柱在高轴压比情况下工作。表 5.4 对试件破坏形态进行了汇总。

表 5.4　试件破坏形态汇总

试件编号	粗骨料类型	剪跨比	轴压比	体积配箍率（%）	破坏形态
ERCA-0.10-1.99	ERCA	4.19	0.10	1.99	弯曲破坏
ERCA-0.25-1.28	ERCA	4.19	0.25	1.28	弯剪破坏
ERCA-0.25-1.66	ERCA	4.19	0.25	1.66	弯曲破坏
ERCA-0.25-1.99	ERCA	4.19	0.25	1.99	弯曲破坏
ERCA-0.40-1.99	ERCA	4.19	0.40	1.99	弯剪破坏
NCA-0.10-1.99	NCA	4.19	0.10	1.99	弯曲破坏
NCA-0.25-1.99	NCA	4.19	0.25	1.99	弯曲破坏
NCA-0.40-1.99	NCA	4.19	0.40	1.99	弯曲破坏

通过对粗骨料强化的再生混凝土框架柱进行低周反复加载试验，以框架柱低周反复试验数据为基础，归纳并分析粗骨料强化的再生混凝土柱试件的滞回曲线、骨架曲线、延性、刚度退化、耗能能力、侧移角以及承载力衰减等，对粗骨料强化的再生混凝土柱的抗震性能进行全面评估，得出结论，从而为粗骨料强化的再生混凝土柱的设计提供了理论依据。

5.5　滞回特性

5.5.1　滞回曲线

建筑物在遭遇地震时，结构或构件的内力将受地震的反复作用而形成较为复杂的受力状态。对构件来说，低周反复加载试验是目前较为普遍的研究方式，即对构件作用往复水平荷载来模拟地震的交替作用，进而研究其抗震性能。构件在低周反复加载作用下所获得的水平荷载-位移曲线（P-Δ 曲线）称为滞回曲线，该曲线可以直观反映水平荷载与位移的关系，可以综合反映其抗震性能。本次低周反复荷载下的滞回曲线（P-Δ 曲线）如图 5.16 所示。

结合实际加载过程分析图 5.16，硅粉浸泡强化的再生混凝土柱的滞回曲线有如下特征：

（1）构件裂缝产生前，ERCA 构件水平荷载 P 和水平位移 Δ 呈线性关系，每次循环的残余变形基本为零，变形可完全恢复，可以认为构件处于弹性阶段。这一阶段滞回环几乎在同一条直线上重合，说明在这一阶段构件耗散地震能量不明显，刚度也基本无退化。

（2）随着水平荷载的增大，ERCA 构件在柱根塑性铰首先产生水平分布的弯曲裂缝，此时滞回曲线开始进入曲线状态，斜率逐渐减小，刚度开始退化，残余变形开始产生，两种混凝土进入弹塑性状态。

（3）当 ERCA 框架柱纵筋达到屈服后，加载转为位移控制阶段，随着位移级别的增加，滞回环更加饱满且所包围的面积逐渐增大，能量吸收越来越多。当构件达到峰值荷载以后，水平承载力开始下降，刚度逐渐下降，位移变形增大速度加快。在同一级位移循环当中，第 2、3 级循环比第 1 级循环承载力逐渐降低，说明框架柱在位移循环下出现强度衰减和刚度退化的现象，这主要是由于 ERCA 框架柱在反复荷载作用下损伤累积造成的。

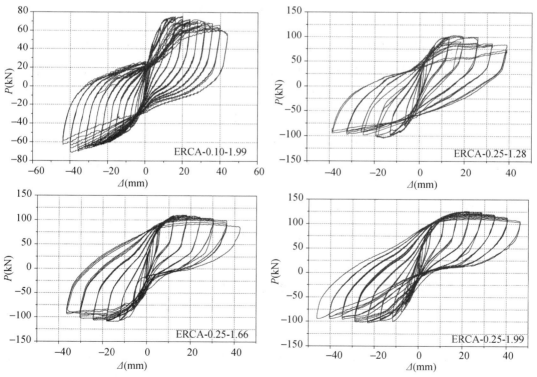

图 5.16　各试件滞回曲线

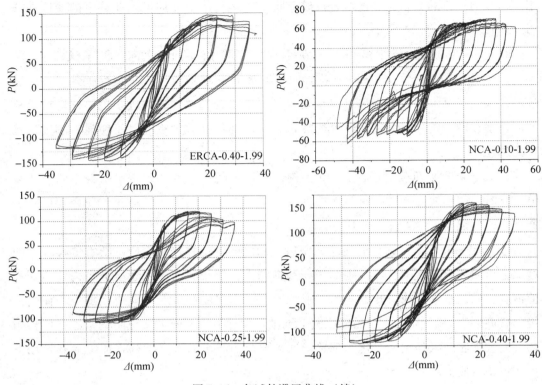

图 5.16　各试件滞回曲线（续）

（4）从各试件滞回曲线形状来看，两种混凝土均出现不同程度的捏缩现象，但是粗骨料强化的再生混凝土框架柱并无明显劣势，从表面来看，其抗震性能并无明显下降。分析其原因：虽然硅粉强化的再生粗骨料棱角较明显，且棱角处强度较低，但是棱角也增大了骨料之间的咬合力，加上硅粉的微小颗粒特性可以使混凝土更加致密，从而使再生混凝土在抗震性能方面并无明显劣势，并且在大轴压比时抗震性能优于普通混凝土。

5.5.2　滞回曲线影响参数分析

本书主要考察了材料差异、轴压比和体积配箍率三种设计参数对框架柱滞回曲线的影响，现叙述如下。

1. 硅粉浸泡强化再生混凝土与普通混凝土对比

对比滞回曲线 ERCA-0.10-1.99 与 NCA-0.10-1.99，两者滞回曲线都为梭形，NCA滞回曲线比 ERCA 相对饱满，耗能能力相对较大。在位移加载阶段，随着位移级别增大，NCA 水平承载力基本保持水平，在位移达到 37.6mm 时承载力开始降低，ERCA 在19.9mm 时就开始降低，并且 ERCA 在同一位移级别情况下，水平承载力降低较明显，说明粗骨料强化的再生混凝土在低轴压比情况下抗震性能劣于普通混凝土。分析其原因：在低轴压比时，强化后的粗骨料棱角强度低，加上轴力对混凝土的裂缝开展并无明显的约束作用，使强化的再生粗骨料损伤累积严重，承受循环往复的能力下降。

对比滞回曲线 ERCA-0.25-1.99 与 NCA-0.25-1.99，NCA 在位移达到 20.5mm 时，水平承载力开始下降，但 ERCA 在位移达到 22.7mm 时水平承载力才出现下降，并且 ERCA 滞回曲线更加规整，在位移加载阶段承载力降低少，极限位移较大，说明 ERCA 在轴压比为 0.25 时抗震性能优于 NCA。

对比滞回曲线 ERCA-0.40-1.99 与 NCA-0.40-1.99，两者滞回曲线形状大致相同，ERCA 在位移达到 29.2mm 时水平承载力开始下降，但 NCA 在位移达到 16.7mm 时水平承载力才出现下降，并且 NCA 承载力下降速度快于 ERCA，说明在轴压比较高时 NCA 承载力衰减明显比 ERCA 快。从滞回曲线轮廓看，ERCA 在位移级别较大时依旧可以保持较高承载力，说明其延性好于 NCA。

总的来说，ERCA 在低轴压比情况下的抗震性能劣于 NCA，随着轴压比增加，ERCA 表现出较好的抗震性能，甚至优于 NCA。分析其原因：ERCA 在高轴压比时，轴力的约束作用使强化后的再生粗骨料之间的咬合力发挥得更为充分，加上较大轴力对构件裂缝的约束和本身粗骨料之间较大的摩擦力，使 ERCA 形成一种"碎而不落"的现象，间接增大了混凝土受压区高度，从而提升了抗震性能。

2. 轴压比的影响

无论是对比 NCA-0.10-1.99、NCA-0.25-1.99 和 NCA-0.40-1.99 滞回曲线，还是对比 ERCA-0.10-1.99、ERCA-0.25-1.99 和 ERCA-0.40-1.99 滞回曲线，都能得出结论：当轴压比较低时，两种材料的滞回曲线都比较饱满，试件的位移循环次数较多，试件强度衰减及刚度退化很缓慢，耗能能力随之增大，所能承受的极限位移也随之增大，表现出较好的延性；随着轴压比的增大，两种框架柱滞回曲线的饱满度都出现下降，滞回环所围成的面积变小，位移循环次数减少，试件强度衰减及刚度退化速度加快，抗震性能下降。ERCA 在轴压比为 0.25 时抗震性能并没有下降太多，说明 ERCA 的抗震性能衰减相对 NCA 的较慢。在高轴压比时，构件水平承载力与刚度退化下降迅速，承载力衰减加快，延性及耗能性能降低更加迅速，抗震性能较差。轴压比对构件抗震性能的影响较为明显，因此在结构设计中合理选用轴压比对保证抗震性能尤为重要。

3. 体积配箍率的影响

对比分析 ERCA-0.25-1.28、ERCA-0.25-1.66 和 ERCA-0.25-1.99 滞回曲线，随着体积配箍率的减小，ERCA 框架柱滞回环所围面积变小，荷载或位移循环次数减少，位移变小，变形能力变差，在框架柱达到峰值荷载以后，其水平承载力下降较快，强度衰减及刚度退化相对较快；随着体积配箍率的增大，框架柱滞回曲线饱满程度提高，极限位移明显增加，承受位移循环的次数也增多。

对比分析 ERCA-0.25-1.66 和 ERCA-0.25-1.99 滞回曲线，试件在体积配箍率减小时，滞回环饱满程度以及水平承载力并无明显降低，说明试件在体积配箍率较大时轴力对构件破坏的约束作用发挥较大。

整体结果表明：随着体积配箍率的增大，ERCA 框架柱的抗震性能提高明显，因此适当增大体积配箍率是改善硅粉浸泡强化再生混凝土柱抗震性能的重要措施。

5.6 骨架曲线

结构或构件的荷载-位移（P-Δ 曲线）中每级位移循环第一次加载的峰值点所连成的外包络曲线称为骨架曲线，也就是说在任意时刻运动中，峰值点不能越过骨架曲线。骨架曲线可以反映构件的开裂点、屈服点、峰值点及破坏点等重要特征值；同时结构或构件的延性变形、强度衰减、刚度退化规律等力学特征都可以从宏观上表现出来，是结构或构件的进行弹塑性动力分析的重要依据。各试件骨架曲线如图 5.17 所示。

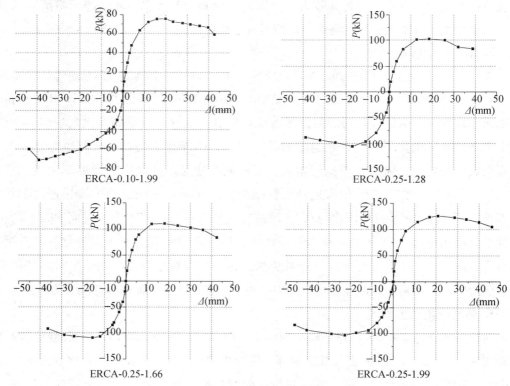

ERCA-0.10-1.99

ERCA-0.25-1.28

ERCA-0.25-1.66

ERCA-0.25-1.99

图 5.17　各试件骨架曲线

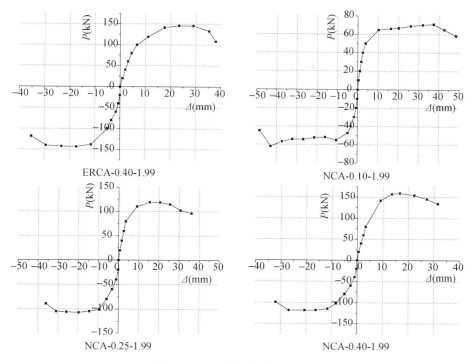

ERCA-0.40-1.99　　　　　　　　　　NCA-0.10-1.99

NCA-0.25-1.99　　　　　　　　　　NCA-0.40-1.99

图 5.17　各试件骨架曲线（续）

5.6.1　骨架曲线整体特征描述

观察图 5.17 中各试件骨架曲线整体形态，可以得出以下特征：在低周反复荷载作用下，硅粉强化的再生混凝土与普通混凝土柱整个受力过程大致分为四个阶段，即开裂弹性阶段、带裂缝弹塑性阶段、屈服阶段以及破坏阶段。当框架柱水平荷载达到峰值荷载的 40% 之前，变形基本可以完全恢复，水平荷载与水平位移呈线性关系，说明框架柱处于弹性阶段；当框架柱水平荷载在 $40\% P_{max}$ 与 $75\% P_{max}$ 之间时，试件处于带裂缝弹塑性阶段，在此阶段内，随着水平荷载的增大，试件骨架曲线开始倾斜，曲线斜率逐渐降低，说明试件刚度逐渐减小；当框架柱水平荷载由 $75\% P_{max}$ 增加至 P_{max} 过程中，试件处于屈服阶段，随着框架柱根部塑性铰的逐渐形成，试件刚度逐渐变小；当水平荷载过峰值点以后，受压区混凝土开始压碎并大面积脱落，框架柱混凝土受压区相对高度逐渐减小，承载力开始下降，再加上竖向荷载与偏心距的影响，承载力下降越来越快，直至水平承载力下降到 $85\% P_{max}$ 以下，框架柱退出工作。

5.6.2　骨架曲线影响参数分析

对比分析各类骨架曲线，分别研究硅粉浸泡强化处理方式、轴压比和体积配箍率对骨架曲线的影响。

1. 硅粉浸泡强化再生混凝土与普通混凝土对比

对比图 5.18，分析硅粉强化再生粗骨料混凝土与普通混凝土的差异。构件在低轴压比时 ERCA 的峰值荷载高于 NCA，说明硅粉强化再生粗骨料后，其抗震性能有明显改善。在轴压比为 0.10 时，NCA 的极限位移比 ERCA 的大，说明 ERCA 在低轴压比时极限变形能力劣于 NCA；在承载力到达峰值点以后 ERCA 的承载力下降明显加快，破坏速度较快，说明承载力衰减较快；当轴压比为 0.25 时，两者承载力基本一致，但 ERCA 的极限变形比 NCA 的大，说明轴压比适中时 ERCA 可以充分发挥其强化作用，抗震性能得到改善；当轴压比为 0.40 时，由骨架曲线可以看出 NCA 的推拉承载力相差较大，说明 NCA 在高轴压比时损伤累积明显。分析其原因：NCA 即普通混凝土在开裂后由于骨料表面比较规整，混凝土压碎的颗粒会立即下落，但是 ERCA 在压碎后，由于骨料表面依旧棱角比较明显，使压碎颗粒停留一段时间，这些碎而不落的颗粒在裂缝中依旧可以承担一定的压力，使混凝土受压区高度减小，速度降低，但是在压碎颗粒不能承担压力之后，构件承载力会迅速降低，以致 ERCA 在高轴压比时破坏速度加快。总的来说，ERCA 在轴压比适中时更能发挥其强化效果，抗震性能优于 NCA。

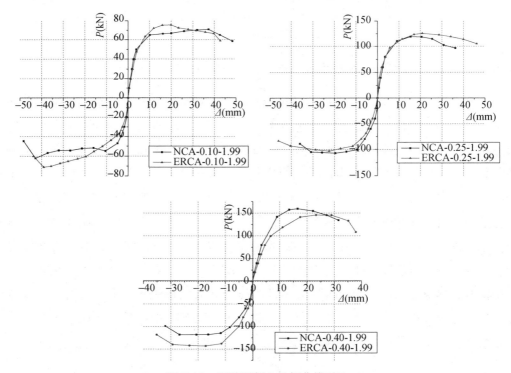

图 5.18　两种混凝土骨架曲线对比

2. 轴压比的影响

分析图 5.19，两种材料的轴压比对构件的骨架曲线影响明显。骨架曲线开始的斜率不一样，说明初始刚度有所不同，随着轴压比的升高，构件初始刚度越大，说明低轴压比构件更容易开裂；高轴压比对应的峰值荷载越大，即水平承载力越大，说明轴力的增加也约束了两种构件破坏截面的形成；构件在达到峰值荷载后，低轴压比情况下，水平承载力降低平缓，甚至产生位移增加、承载力基本不变的现象，说明构件在低轴压比时表现出较好的延性，构件抵抗反复荷载作用的能力强；高轴压比时水平承载力达到峰值点以后，下降速度越来越快，构件延性低，抵抗反复荷载作用的能力弱。也可以明显看出不同轴压比时，构件的极限变形不同，两种材料的变形能力都随着轴压比的增大而降低。从破坏过程来看，低轴压比破坏过程缓慢，高轴压比破坏突然；对于 NCA 而言，轴压比对构件极限变形能力影响明显，随着轴压比的增大，NCA 的极限变形能力越来越低，轴压比为 0.10 与 0.25 时的极限变形差异较大，而 0.25 与 0.40 时的极限变形差异较小；ERCA 在轴压比为 0.10 与 0.25 时，极限变形有所提升，在轴压比为 0.40 时降低，说明适当增加轴力或者提高轴压比可以使 ERCA 的抗震性能有所提升。

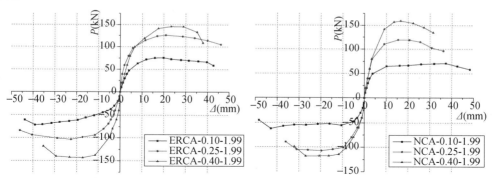

图 5.19　不同轴压比时骨架曲线对比

3. 体积配箍率的影响

分析图 5.20，不同体积配箍率对 ERCA 构件骨架曲线的影响较明显。在体积配箍率较低时，构件开裂前初始刚度退化略快，峰值荷载低，在达到峰值荷载后水平承载力迅速下降，但是在达到极限变形前，承载力下降速率有所减缓；构件体积配箍率较高时，开裂前初始刚度下降速度较慢，在达到峰值荷载后水平承载力下降段基本为直线，也就是说承载力下降速度保持一致；随着体积配箍率的增大，构件的刚度增大，极限变形能力也增大，抵抗反复荷载作用的能力提升，说明体积配箍率越大，构件抗震性能越好。主要原因是箍筋和纵筋共同约束混凝土，这种约束作用随箍筋增多而增大。对比正反方向水平承载力发现，随着体积配箍率的增大，水平承载力受混凝土损伤程度影响增大，甚至只能增加一侧的水平承载力。从总体上来看，提高体积配箍率可以在一定程度上提升 ERCA 构件的抗震性能，但是提升效果并不明显。

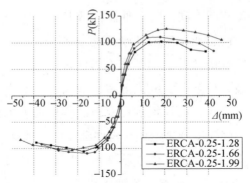

图 5.20　不同体积配箍率时骨架曲线对比

5.6.3　骨架曲线主要特征值

表 5.5 汇总了各骨架曲线反映的开裂荷载、屈服荷载、峰值荷载和极限荷载特征值，以及各自对应的位移值。

表 5.5　框架柱骨架曲线主要特征值

试件编号	方向	开裂点		屈服点		峰值点		极限点	
		P_{cr}（kN）	Δ_{cr}（mm）	P_y（kN）	Δ_y（mm）	P_{max}（kN）	Δ_{max}（mm）	P_u（kN）	Δ_u（mm）
ERCA-0.10-1.99	推	10.00	0.55	58.03	6.64	75.72	19.88	64.36	40.54
	拉	7.14	0.12	40.45	6.01	71.10	39.06	60.44	43.64
ERCA-0.25-1.28	推	15.41	0.49	79.06	5.93	102.13	18.56	86.81	31.97
	拉	13.38	0.04	62.84	3.71	105.70	17.06	89.85	37.26
ERCA-0.25-1.66	推	17.34	0.41	84.34	5.31	110.50	18.11	93.93	38.14
	拉	20.00	0.42	75.37	5.03	109.30	15.56	92.91	35.77
ERCA-0.25-1.99	推	20.00	0.39	88.08	4.73	125.90	20.89	107.02	44.75
	拉	18.25	0.74	80.85	7.88	103.34	22.52	87.84	43.57
ERCA-0.40-1.99	推	13.44	0.53	113.10	9.73	145.67	23.31	123.82	36.21
	拉	18.58	0.02	116.16	7.74	143.23	17.16	121.75	34.27
NCA-0.10-1.99	推	8.58	0.32	52.13	4.71	71.03	37.30	60.38	46.57
	拉	10.00	0.20	37.10	2.88	62.12	42.84	52.80	45.81
NCA-0.25-1.99	推	57.94	1.77	91.95	5.72	119.10	15.38	101.24	31.92
	拉	40.00	2.12	88.92	7.51	107.26	19.65	91.17	35.39
NCA-0.40-1.99	推	60.00	3.21	128.11	7.77	159.33	16.55	135.43	31.05
	拉	32.42	0.11	97.29	7.68	118.09	26.82	100.38	31.63

注：P_{cr} 为开裂荷载；Δ_{cr} 为开裂位移；P_y 为屈服荷载；Δ_y 为屈服位移；P_{max} 为峰值荷载；Δ_{max} 为峰值荷载对应的位移；P_u 为极限荷载；Δ_u 为极限位移；其中开裂荷载为整数时表明裂缝在荷载维持时间内产生。

表 5.5 中开裂荷载为加载过程中实时观察记录；本书中屈服位移与屈服荷载的确定采用"通用屈服弯矩法"：过原点 O（0，0）作骨架曲线的切线，交过峰值荷载点的水平线于 A，过 A 作垂线和骨架曲线相交于 C 点，连接 OC 并延长至峰值荷载点的水平线于 B，过 B 点作垂线交骨架曲线于 D 点，D 点即为试件等效屈服点，所对应荷载与位移分别为屈服荷载与屈服位移（图 5.21）；各框架柱极限位

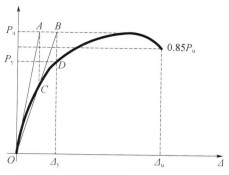

图 5.21　通用屈服弯矩法确定屈服点

移可根据我国现行行业标准《建筑抗震试验规程》（JGJ/T 101—2015）规定的方法取值，即极限位移可取试件水平荷载下降到 $0.85P_{max}$ 时所对应的位移值。

5.7　变形能力

对于框架柱而言，延性是衡量变形能力的重要参数，是衡量结构或构件在破坏前所能承受的弹塑性变形的能力，即构件在屈服以后承受变形的能力。本书将延性定义为极限位移与屈服位移的比值，见式（5.3）：

$$\mu = \frac{\Delta_u}{\Delta_y} \tag{5.3}$$

考虑到混凝土的离散性以及试验加载过程中人为造成的误差，导致正、反向水平承载力不完全对称，从而造成推和拉的屈服位移、极限位移都不一致，因此本书取平均值计算对比，见式（5.4）、式（5.5）：

$$\Delta_y = \frac{|\Delta_y^+| + |\Delta_y^-|}{2} \tag{5.4}$$

$$\Delta_u = \frac{|\Delta_u^+| + |\Delta_u^-|}{2} \tag{5.5}$$

通过计算，得各构件延性系数见表 5.6。

表 5.6　各构件延性系数汇总

构件编号	轴压比 n	体积配箍率 ρ_{sv}（%）	平均值		延性系数	破坏形态
			Δ_y	Δ_u	μ	
ERCA-0.10-1.99	0.10	1.99	6.33	42.09	6.65	弯曲破坏
ERCA-0.25-1.28	0.25	1.28	4.82	34.62	7.18	弯剪破坏
ERCA-0.25-1.66	0.25	1.66	5.17	36.96	7.15	弯曲破坏
ERCA-0.25-1.99	0.25	1.99	6.31	44.16	7.00	弯曲破坏

构件编号	轴压比 n	体积配箍率 ρ_{sv}（%）	平均值		延性系数	破坏形态
			Δ_y	Δ_u	μ	
ERCA-0.40-1.99	0.40	1.99	8.74	35.24	4.03	弯剪破坏
NCA-0.10-1.99	0.10	1.99	3.80	46.19	12.16	弯曲破坏
NCA-0.25-1.99	0.25	1.99	6.62	33.66	5.08	弯曲破坏
NCA-0.40-1.99	0.40	1.99	7.73	31.34	4.05	弯曲破坏

分析表5.6，研究各参数对构件延性的影响如下。

1. 硅粉强化与普通混凝土对比

当轴压比与体积配箍率相同时，对比 ERCA 与 NCA 构件延性系数可知：当轴压比为0.40时，ERCA 与 NCA 构件延性并无明显差异，较大的轴力可以对 ERCA 混凝土与 NCA 混凝土有较好的约束作用，使两者的变形能力相同；当轴压比为0.25时，ERCA 构件的延性系数比 NCA 的增大了37%，说明随着轴力的减小，NCA 的变形能力下降；当轴压比为0.10时，NCA 的延性系数远大于 ERCA 的延性系数，说明在轴力较小的情况下，ERCA 破坏面损伤累积严重，塑性铰区破坏速度较快。

总的来说，与普通混凝土相比，ERCA 在轴压比适中的情况下抗震性能有明显改善，这是由于硅粉强化的再生粗骨料自身强度虽然有所提高，但是形状较天然粗骨料相比不规则，在受力过程中容易产生应力集中造成构件过早开裂，之后混凝土压碎随裂缝掉落，适当提高轴力便可以使骨料强度发挥充分，但当轴力过大时，由于再生粗骨料本身内部裂缝较多的特性，进而不能使变形能力进一步提高。

2. 轴压比对构件延性的影响

比较同一种混凝土构件不同轴压比的延性系数，构件在轴压比升高过程中，NCA 构件延性系数下降迅速，说明轴压比对 NCA 框架柱变形能力的影响明显，降低轴压比可以有效提高 NCA 框架柱构件的抗震性能；ERCA 框架柱随轴压比的升高，变形能力表现出先上升再下降的特性，但是变化幅度较小，波动较小，说明轴压比对 ERCA 构件变形能力的影响并不明显，ERCA 框架柱在不同轴力作用下抗震性能较稳定。

3. 体积配箍率对构件延性的影响

对比 ERCA 框架柱在不同体积配箍率下的延性系数发现，ERCA 框架柱在体积配箍率增大过程中，其延性系数呈现下降趋势，说明框架柱中的箍筋约束了 ERCA 构件的变形能力。ERCA 框架柱在相对较低的体积配箍率情况下延性较好，但由于延性系数受体积配箍率影响不明显，因此并不建议通过减少箍筋配置来提高 ERCA 框架柱的延性。

4. 破坏形态与延性系数之间的关系

图5.22汇总了8个框架柱位移延性系数与破坏形态的关系。总体上看，发生弯曲

破坏构件的延性最好，框架柱在发生弯曲破坏时位移延性系数分布范围更广泛。

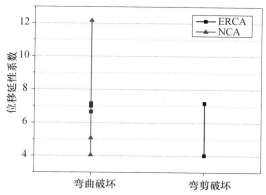

图 5.22　位移延性系数与构件破坏形态的关系

5.8　刚度退化

5.8.1　刚度计算

在低周往复加载试验中，构件的刚度随着荷载的增大而不断变化。由于正反向往复加载、卸载及刚度衰减等情况，造成刚度计算比单调加载时复杂得多。但为了解决地震反应的分析需要，常常取折算割线刚度来替代切线刚度[12]。其基本公式为：

$$K_i = \frac{|P_i^+| + |P_i^-|}{|\Delta_i^+| + |\Delta_i^-|} \tag{5.6}$$

式中　　　　　　　K_i——第 i 个循环滞回环折算割线刚度；

P_i^+、P_i^-、Δ_i^+、Δ_i^-——第 i 个循环滞回曲线推拉方向峰值点对应荷载及位移。

根据滞回曲线数据，表 5.7 对主要特征值对应的刚度进行了汇总。

表 5.7　各构件刚度特征值

构件编号	最初刚度 K_n	开裂刚度 K_{cr}	屈服刚度 K_y	峰值刚度 K_m	极限刚度 K_u
ERCA-0.10-1.99	30.18	25.58	7.78	2.49	1.48
ERCA-0.25-1.28	17.77	54.32	14.72	5.83	2.55
ERCA-0.25-1.66	73.74	44.99	15.45	6.53	2.53
ERCA-0.25-1.99	28.87	33.85	13.40	5.28	2.21
ERCA-0.40-1.99	47.40	58.22	13.12	7.14	3.48
NCA-0.10-1.99	38.25	35.73	11.76	1.66	1.23
NCA-0.25-1.99	20.73	25.18	13.67	6.46	2.86
NCA-0.40-1.99	51.18	27.84	14.59	6.40	3.76

5.8.2 各参数对构件刚度退化的影响

为了更加直观地观察各构件的刚度退化情况，根据滞回曲线绘制了 K-Δ 曲线观察相对刚度走势，其中 Δ 为构件加载端水平位移。

1. ERCA 与 NCA 构件刚度退化差异

分析图 5.23，当轴压比为 0.10 时，NCA 构件在位移较小时刚度退化速度比 ERCA 构件的慢，随着位移控制级别的增大，NCA 构件与 ERCA 构件的刚度退化表现出明显差异。NCA 刚度退化速度越来越快，这意味着每加载一级，NCA 构件的变形能力下降较快；当轴压比为 0.25 时，ERCA 构件刚度退化表现出先快后慢的特性，并且在相同的侧向变形情况下，ERCA 的相对刚度比 NCA 的大；当轴压比为 0.40 时，两者刚度退化基本一致，可能是大轴力的约束作用减小了刚度退化的差异。总的来说，轴压比对两种材料刚度退化的影响并不明显。

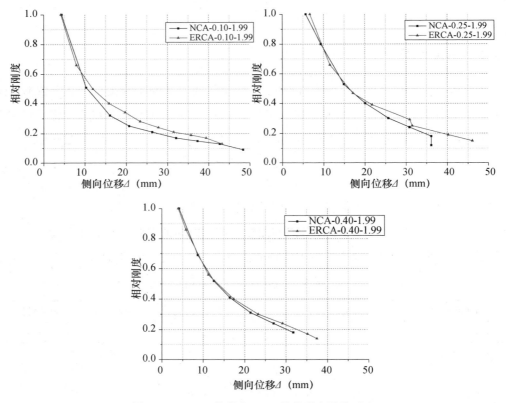

图 5.23　ERCA 构件与 NCA 构件刚度退化对比

2. 轴压比对构件刚度退化的影响

分析图 5.24，ERCA 构件在轴压比为 0.25 时刚度退化最快，轴压比为 0.10 和

0.40 时刚度退化速度较慢，并且两者无明显差异；NCA 构件在轴压比为 0.40 时刚度退化速度最快，说明 NCA 框架柱在轴压比较大时柱根塑性铰区破坏速度较快。

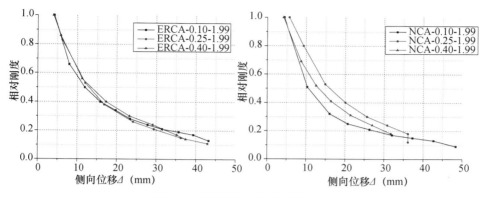

图 5.24　不同轴压比刚度退化对比

3. 体积配箍率对构件刚度退化的影响

分析图 5.25，在位移控制荷载到达 15mm 之前，图中 3 条曲线基本重合，表明位移较小时，ERCA 框架柱在不同体积配箍率情况下刚度退化情况基本一致；随着位移控制荷载的逐步增大，体积配箍率对构件刚度退化的影响越来越明显，其中构件 ERCA-0.25-1.99 刚度退化速度越来越慢，直至构件破坏时，其刚度也保持最大。总体上看，箍筋增加较多，即体积配箍率在改变较大时对 ERCA 框架柱刚度退化的速度有所改变。

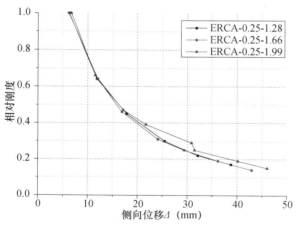

图 5.25　不同体积配箍率时 ERCA 构件刚度退化对比

5.9　能量耗散

由于通过观察滞回曲线的饱满程度只能定性地分析构件或结构的耗能性能，为了更加精确地对比各参数对构件耗能能力的影响，本书通过计算各构件的等效黏滞阻尼

系数 h_e 来分析试件的滞回耗能能力。

5.9.1　等效黏滞阻尼系数

等效黏滞阻尼系数 h_e[13] 计算方法如图 5.26 所示，公式见式（5.7）：

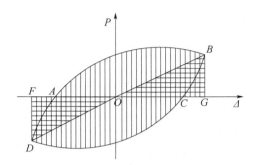

图 5.26　等效黏滞阻尼系数计算方法示意图

$$h_e = \frac{S_{ABCD}}{2\pi\left(S_{\triangle DOF} + S_{\triangle BOG}\right)} \tag{5.7}$$

式中　　　S_{ABCD}——构件加载滞回环面积；

　　$S_{\triangle DOF}$、$S_{\triangle BOG}$——上下端点三角形面积之和。

表 5.8 给出了各个构件主要受力阶段的等效黏滞阻尼系数，用于定量地描述结构在抗震过程的综合耗能能力，对应于主要特征值点。

表 5.8　各构件等效黏滞阻尼系数计算值

构件编号	轴压比 n	体积配箍率 ρ_{sv}（%）	h_{ey}	h_{em}	h_{eu}
NCA-0.10-1.99	0.10	1.99	0.157	0.240	0.272
ERCA-0.10-1.99	0.10	1.99	0.156	0.205	0.305
NCA-0.25-1.99	0.25	1.99	0.157	0.204	0.334
ERCA-0.25-1.28	0.25	1.28	0.145	0.196	0.257
ERCA-0.25-1.66	0.25	1.66	0.147	0.198	0.296
ERCA-0.25-1.99	0.25	1.99	0.174	0.254	0.25
NCA-0.40-1.99	0.40	1.99	0.168	0.215	0.285
ERCA-0.40-1.99	0.40	1.99	0.148	0.235	0.325

注：h_{ey}、h_{em}、h_{eu} 分别为构件在屈服荷载 P_y、峰值荷载 P_m、破坏荷载 P_u 时所对应的等效黏滞阻尼系数。

5.9.2　各参数对构件耗能性能的影响

为了方便、直观地分析各个构件在整个加载过程中的耗能情况，特意绘制等效黏滞阻尼系数 h_e 与侧向位移 Δ 的曲线图，研究不同材料、轴压比和体积配箍率对构件耗能性能的影响。

1. 硅粉强化再生粗骨料的混凝土与普通混凝土对比

分析图 5.27，当轴压比为 0.10 时，加载初期，NCA 构件的等效黏滞阻尼系数相对 ERCA 构件的较大，随着荷载位移的增大，NCA 构件的等效黏滞阻尼系数增加迅速，在大约达到极限位移的一半后开始下降，并且下降也较快，在加载末期，即将达到极限位移时 NCA 耗能能力下降，而 ERCA 构件的等效黏滞阻尼系数在整个加载过程中都保持平稳增加；轴压比较低时，NCA 构件的抗震效果在加载前期表现明显，在加载后期抗震能力下降较多；当轴压比为 0.25 时，NCA 构件的耗能能力比 ERCA 构件的较强，整个加载过程两者都保持稳定增加，直至构件破坏；当轴压比为 0.40 时，ERCA 构件的耗能能力统一比 NCA 构件的耗能能力强，在加载过程中，NCA 构件的耗能能力开始增加较慢，即将到达破坏时，NCA 构件的等效黏滞阻尼系数增加较快。总体上看，ERCA 的耗能性能劣于 NCA 的耗能性能，在轴压比较低时两者的抗震性能差异较小。

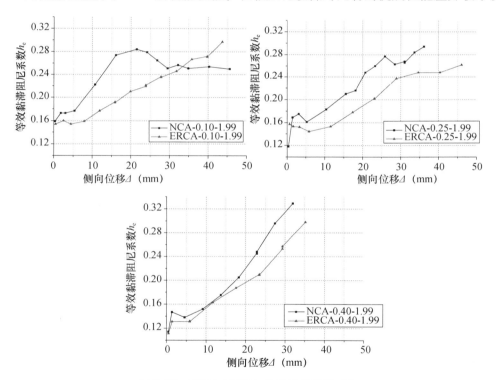

图 5.27　ERCA 与 NCA 构件耗能性能对比

2. 轴压比对构件耗能性能的影响

分析图 5.28，轴压比对 NCA 构件的影响较明显。在加载初期，3 种轴压比构件都基本稳定上升，在到达极限位移的一半时，构件 NCA-0.10-1.99 的耗能能力首先开始下降，并且下降一定幅度以后保持稳定，随后构件 NCA-0.25-1.99 的耗能也有小幅度下降，加载末期其耗能能力又有所回升，构件 NCA-0.40-1.99 的耗能能力下降最晚。

从整体上看，构件耗能能力的下降点与轴压比有关，轴压比越大，耗能能力升高得越快，下降也就越早；ERCA 构件的耗能能力在加载初期基本保持稳定上升，在侧向位移到达 25mm 左右时开始波动，其中构件 ERCA-0.40-1.99 的耗能能力提升加快，构件 ERCA-0.25-1.99 的耗能能力提升减缓。总体对比，轴压比对 ERCA 构件耗能能力的影响并不明显，对 NCA 构件的影响较大，在加载初期，低轴压比构件耗能能力发挥充分，构件破坏前，高轴压比构件的耗能能力上升迅速。

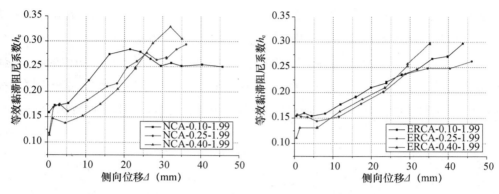

图 5.28　不同轴压比时构件耗能性能对比

3. 体积配箍率对构件耗能性能的影响

分析图 5.29，在位移加载初期，3 种 ERCA 构件的耗能性能并无明显差异，位移达到 15mm 之后，3 种 ERCA 构件的耗能性能受体积配箍率的影响开始变得明显，其中构件 ERCA-0.25-1.66 的耗能性能最好，其次为构件 ERCA-0.25-1.28，而构件 ERCA-0.25-1.99 的耗能性能最差。说明体积配箍率在一定范围内提升，对提高 ERCA 框架柱的抗震性能有所帮助，但随着体积配箍率的进一步增大，ERCA 框架柱的耗能性能又有所降低，合理选择体积配箍率可以提高 ERCA 框架柱的抗震性能。

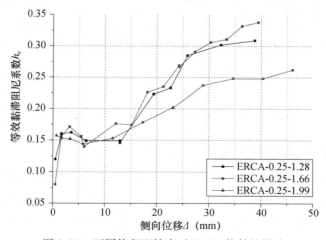

图 5.29　不同体积配箍率对 ERCA 构件的影响

5.10　承载力衰减

从硅粉强化的再生粗骨料混凝土的滞回曲线可以看出，某一位移级别控制下，框架柱水平承载力随着循环次数的增加有不同程度的降低，通常情况下这种现象称为强度衰减。框架柱强度衰减是衡量混凝土损伤累积的重要参数，强度衰减越快，构件抵抗反复荷载作用的能力下降越快，产生破坏的速率也加快。在实际工程中，主要表现在结构遭受某一地震作用之后，强度衰减的程度直接影响构件或结构能否抵抗下一次地震或余震作用而破坏。本书采用在位移控制加载情况下，当位移级别为 j 时，位移循环第二次循环的最大荷载 P_j^2 与第一次循环最大荷载 P_j^1 之比作为强度衰减系数 λ_j，见式（5.8）：

$$\lambda_j = \frac{P_j^2}{P_j^1}$$

(5.8)

1. ERCA 与 NCA 构件强度衰减对比

由于混凝土材料的离散性以及加载过程的不确定性，使混凝土强度衰减系数表现出很大的不规律性，但通过分析图 5.30，可观察各构件强度衰减情况。在位移加载初

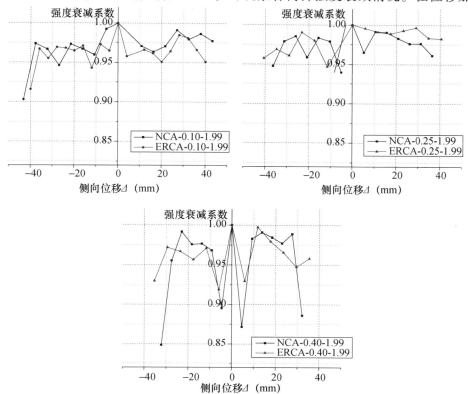

图 5.30　ERCA 与 NCA 构件强度衰减情况对比

期，各构件强度衰减并不严重，只有少量开裂发生，并且程度轻微，对水平承载力影响尚不是很大；随着侧向位移的逐渐增大，大部分试件的强度衰减总体上是加快的，这是因为 NCA 与 ERCA 构件主要受混凝土受压区压应力，混凝土在每一次受到损伤以后并没有恢复，因此造成下一次同等级别位移循环加载时承载力降低；随着位移循环的继续增加，受压混凝土损伤累积到一定程度便开始脱落并退出工作，导致受压区有效受力截面面积不断减小，使混凝土强度衰减大大加快。从整体上看，轴压比较高时，NCA 与 ERCA 构件的强度衰减系数波动较大，表现出极不稳定的特性，这是由于轴力较大时混凝土脱落使受力截面突然减小，轴力引起的附加弯矩作用明显；随着轴压比的减小，NCA 与 ERCA 构件的强度衰减趋于平稳，两者的差异不明显。

2. 不同轴压比时构件强度衰减对比

对比图 5.31 中 NCA 构件与 ERCA 构件强度衰减，ERCA 框架柱强度衰减受轴压比的影响不明显，而 NCA 框架柱强度衰减受轴压比的影响较大，当轴压比较大时，构件 NCA-0.40-1.99 在破坏前强度衰减速度较快，并且极限位移较小，说明在高轴压比情况下，NCA 构件承载力在达到极限位移之前下降比 ERCA 构件突然。

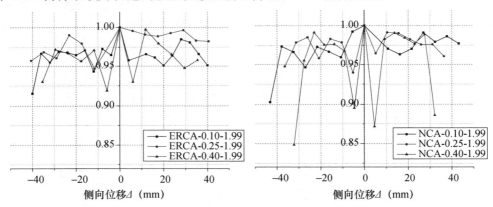

图 5.31　不同轴压比时强度衰减对比

3. 体积配箍率对构件强度衰减的影响

从图 5.32 整体上看，体积配箍率对强度衰减系数的影响比较明显，其中构件 ERCA-0.25-1.99 与构件 ERCA-0.25-1.66 强度衰减情况相对稳定，强度衰减系数较大，在位移较大的情况下强度并无明显降低；而构件 ERCA-0.25-1.28 强度衰减系数表现出较大的离散性，并且强度衰减系数最小，在侧向位移增大的过程中强度衰减速度加快，尤其在破坏前强度衰减速度更快。总的来说，ERCA 构件强度衰减情况受体积配箍率的影响较明显，随体积配箍率的减小，强度衰减越来越严重，适当增大体积配箍率可保证 ERCA 构件在抗震中减缓承载力的衰减，使构件在地震中可以更大程度地抵抗第二次地震或余震的破坏。

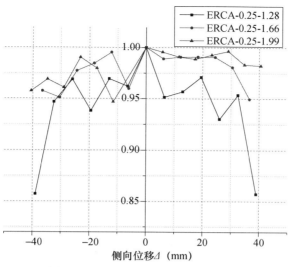

图 5.32　不同轴压比时强度衰减对比

5.11　小结

本章对 5 根硅粉强化的再生粗骨料混凝土框架柱与 3 根普通混凝土框架柱进行低周反复加载试验研究；对各个框架柱的裂缝开展情况及破坏过程描述和分析，总结了 ERCA 混凝土框架柱的破坏形态。同时对 3 根 NCA 框架柱与 5 根 ERCA 框架柱进行综合对比分析，并对各柱滞回曲线、骨架曲线、延性性能、刚度退化、耗能能力以及承载力衰减等抗震指标对比分析，得出 ERCA 框架柱的一些性能特征，总结如下：

（1）两种混凝土在轴压比较小时，裂缝开展差异较小；在轴压比较高时，ERCA 框架柱裂缝明显多于 NCA 框架柱，并且裂缝分布范围也远远大于 NCA 框架柱裂缝。

（2）轴压比对 NCA 框架柱裂缝开展的影响较小，随着轴压比的增大，竖向裂缝略微有所增加；轴压比对 ERCA 框架柱裂缝开展的影响较明显，随着轴压比的增大，竖向裂缝延伸高度增大较快，水平裂缝倾斜角度增加，在高轴压比情况下，竖向裂缝已经远超过了塑性铰区，故 ERCA 不适用于水工建筑物中。

（3）ERCA 框架柱开裂严重程度受体积配箍率的影响比较明显，增大体积配箍率可以使开裂范围明显缩小，使裂缝延伸距离大大缩短。

（4）体积配箍率对 ERCA 混凝土框架柱破坏形态的影响较明显，适当增大体积配箍率可以减少混凝土的脱落速度；ERCA 框架柱在轴压比适中时破坏程度最轻，可以发挥较好的抗震性能，在结构设计时应当合理选择 ERCA 混凝土框架柱的轴压比；ERCA 框架柱在轴压比较大时破坏过于严重，不建议在轴压比较高的情况下使用 ERCA 框架柱作为承重构件。

（5）ERCA 框架柱与 NCA 框架柱的滞回性能相似，都呈现丰满的梭形。ERCA 框架柱在轴压比升高过程中，抗震性能有先升高再降低的趋势；ERCA 框架柱抗震性能随着体积配箍率的增大出现一定的提高，因此适当增大体积配箍率对于改善粗骨料强化的再生混凝土柱的抗震性能有利；ERCA 框架柱在轴压比适中时承载力比 NCA 框架柱大。

（6）轴压比对 ERCA 构件变形能力的影响并不明显，ERCA 框架柱在不同轴力作用下抗震性能较稳定。

（7）体积配箍率对 ERCA 框架柱刚度退化的影响并不明显，但是提高体积配箍率可以少量减缓 ERCA 框架柱刚度退化的速度。

（8）ERCA 耗能性能劣于 NCA 耗能性能，但是在轴压比较低时两者抗震性能差异较小。轴压比对 NCA 构件耗能性能的影响较明显，但 ERCA 构件受轴压比的影响并不显著。

（9）ERCA 构件强度衰减情况受体积配箍率的影响较明显，随体积配箍率的减小，强度衰减越来越严重，适当增大体积配箍率可保证 ERCA 构件在抗震中减缓承载力的衰减，使构件在地震中可以更大程度地抵抗第二次地震或余震的破坏。

本章参考文献

[1] 沈聚敏，周锡元. 抗震工程学 [M]. 北京：中国建筑工业出版社，2000.

[2] 混凝土结构设计规范：GB 50010—2010 [S]. 北京：中国建筑工业出版社，2010.

[3] 过镇海，时旭东. 钢筋混凝土原理和分析 [M]. 北京：清华大学出版社，2003.

[4] 白国良，刘超，等. 再生混凝土框架柱抗震性能试验研究 [J]. 地震工程与工程振动，2011，31（1）：61-66.

[5] 卢锦，邹超英. 再生混凝土受压构件滞回性能试验研究 [D]. 哈尔滨：哈尔滨工业大学，2009.

[6] 张静，再生混凝土框架柱抗震性能试验研究 [D]. 合肥：合肥工业大学，2010.

[7] 邓明科，张辉，等. 高延性纤维混凝土短柱抗震性能试验研究 [J]. 建筑结构学报，2015，36（12）：62-69.

[8] 彭有开，吴徽，等. 再生混凝土长柱的抗震性能试验研究 [J]. 东南大学学报，2013，43（3）：576-581.

[9] 解咏平，李振宝，等. 低周反复荷载作用下钢筋混凝土柱抗震性能尺寸效应试验研究 [J]. 建筑结构学报，2013，34（12）：86-93.

[10] 马颖. 钢筋混凝土柱地震破坏方式及性能研究 [D]. 大连：大连理工大学，2012.

[11] 建筑抗震试验规程：JGJ/T 101—2015 [S]. 北京：中国建筑工业出版社，2015.

[12] 朱丽华，白国良，李晓文，等. 大尺寸薄壁钢筋混凝土管柱抗震性能试验研究 [J]. 工程力学，2009，26（3）：134-139.

[13] Clough R，Penzien J. Dynamics of structures [M]. Berkeley：Criticare Systems，Inc，2004.

第6章 结论与展望

6.1 结论

本书通过测量天然粗骨料、再生粗骨料和强化再生粗骨料的物理力学性能，研究了强化方式对再生粗骨料性能的改善效果。以此为基础，通过梁静力试验、柱静力试验及3根普通混凝土框架柱和5根粗骨料强化的再生混凝土框架柱低周反复荷载试验，研究了各构件的抗震性能，得出结论如下：

（1）再生粗骨料内部孔隙多、裂缝多，RCA与ERCA的表观密度都小于NCA，并且吸水率与压碎指标都较大；RCA通过硅粉浸泡强化后，硅粉填充了骨料内部的一部分裂缝，提高了骨料的表观密度，降低了骨料的压碎指标和吸水率。与RCA相比，ERCA混凝土立方体抗压强度提高了32%左右，甚至超过了NCA混凝土立方体抗压强度，说明硅粉强化再生粗骨料混凝土在强度方面得到明显改善。

（2）再生混凝土梁和强化再生骨料混凝土梁的破坏情况与普通混凝土梁的类似，在相同位置也都出现裂缝，破坏程度有些差别，且仍服从平截面假定。

（3）强化再生骨料混凝土梁的再生骨料经过强化后，用其作为骨料浇筑的混凝土梁的性能得到了提高，比较接近普通混凝土梁。

（4）强化再生骨料混凝土柱在加载过程中具有与普通混凝土柱和再生混凝土柱相同的轴压破坏、小偏压破坏和大偏压破坏形态，强化再生骨料混凝土柱与普通混凝土柱和再生混凝土柱的破坏机理相同，破坏过程也比较相似。

（5）通过分析试验数据可知，再生骨料经过强化以后，制得的强化再生骨料混凝土柱子的承载能力比再生骨料混凝土柱子的承载力提高了很多，性能接近于普通混凝土柱子。

（6）框架柱试验表明，两种混凝土在轴压比较小时，构件裂缝开展情况与破坏形态基本一致；在轴压比较高时，ERCA框架柱裂缝数目明显多于NCA框架柱，并且竖向裂缝已经远远超过了塑性铰区，破坏严重程度也明显大于NCA框架柱。

（7）体积配箍率对ERCA框架柱裂缝的延伸与发展的影响明显，随着体积配箍率的增大，裂缝的分布范围与延伸距离明显减小，混凝土脱落速度减慢，框架柱承载力增大，变形能力均提高，刚度退化速度下降，强度衰减速度降低。

6.2 展望

硅粉强化的再生混凝土不仅可以弥补再生混凝土强度方面的缺陷，也符合国家资源再利用以及环保的倡导。本书虽然对硅粉强化的再生混凝土强度与构件抗震性能进行了研究，但是依旧存在很多问题没有解决。

（1）硅粉强化的再生混凝土其强度虽然有所提高，但本书没有研究其抗压强度的影响因素，也没有从微观上研究再生粗骨料的强化机理。

（2）粗骨料强化的再生混凝土的本构关系对于研究构件的受力性能具有重要意义，对于数值模拟也具有重要价值，因此有必要研究其本构关系。

（3）目前有多种再生粗骨料的强化方式，本书只采用了硅粉浸泡的强化方式，没有对比不同强化方式对混凝土强度以及构件抗震性能的影响。

以上问题均有待于进一步研究。